普通高等教育艺术设计类专业"十二五"规划教材
计算机软件系列教材

Maya材质渲染

主　编　孙　琳　张　炜

副主编　骆　哲　李中军　崔宏伟

参　编　杨　毅　韩　冀

华中科技大学出版社
http://www.hustp.com
中国·武汉

内 容 简 介

本书共分九章,包括 CG 技术在电影中的运用,Maya 灯光照明,室内场景布光实例,室外场景布光实例,材质系统,玻璃杯材质实例制作,polygons 模型 UV,渔船材质贴图制作实例和手枪材质贴图制作实例等内容。本书既可作为普通高等院校影视动画相关专业的教材,也可作为 CG 爱好者和社会培训机构的辅导用书。

图书在版编目(CIP)数据

Maya 材质渲染/孙 琳 张 炜 主编.—武汉:华中科技大学出版社,2013.8
ISBN 978-7-5609-9115-3

Ⅰ.M… Ⅱ.①孙… ②张… Ⅲ. 三维动画软件-高等学校-教材 Ⅳ.TP391.41

中国版本图书馆 CIP 数据核字(2013)第 123728 号

Maya 材质渲染 孙 琳 张 炜 主编

策划编辑:谢燕群 范 莹
责任编辑:江 津
责任校对:朱 霞
封面设计:刘 卉
责任监印:周治超
出版发行:华中科技大学出版社(中国·武汉)
　　　　　武昌喻家山　　邮编:430074　　电话:(027)81321915
录　　排:武汉金睿泰广告有限公司
印　　刷:湖北新华印务有限公司
开　　本:889mm×1194mm　1/16
印　　张:10.5
字　　数:298 千字
版　　次:2013 年 8 月第 1 版第 1 次印刷
定　　价:49.80 元

本书若有印装质量问题,请向出版社营销中心调换
全国免费服务热线:400-6679-118　竭诚为您服务

前 言

QIANYAN

　　本书讲解了 Maya 软件中灯光、材质、UV、贴图和渲染的制作方法。讲解中使用大量的实例制作，由浅入深、化繁为简。先讲解软件命令、基本操作及注意事项，再通过具体的案例进行分析、操作和讲解。

　　本书共分九章，包括 CG 技术在电影中的运用，Maya 灯光照明，室内场景布光实例，室外场景布光实例，材质系统，玻璃杯材质实例制作，polygons 模型 UV，渔船材质贴图制作实例和手枪材质贴图制作实例等内容。本书既可作为普通高等院校影视动画相关专业的教材，也可作为 CG 爱好者和社会培训机构的辅导用书。

　　CG 的学习和制作不仅需要对软件的掌握，更需要对生活的观察。艺术来源于生活，我们在平时的学习中要多观察生活，多看一些摄影、服饰等方面的图书或者资料，来增加我们在美学、光学和其他知识方面的能力，这样有助于在 CG 制作时更好地表现和完善我们的作品。

　　本书在编写时虽有心做到完美，但难免存在错漏之处，欢迎大家批评指正。

编　者
2013年7月

目　录

MULU

第1章
CG技术在电影中的运用

CG 是 computer graphics 的英文缩写，是通过计算机软件所绘制的一切图形的总称。从二维到三维，从平面印刷、网页设计行业到三维动画、影视特效行业，随着 CG 技术的不断提高，应用的领域也在不断地壮大着，现今更是形成了一个可观的经济产业。

CG 技术最初用于平面设计方面，例如，建筑效果图、平面广告等。广告行业也是目前促进中国 CG 发展的行业之一，有相当一部分 CG 艺术家都从事这一领域的工作。除此之外，CG 技术还应用于各类游戏，这一领域的代表公司是中国台湾地区的大宇公司，北京新天地、晶合，上海育碧，深圳金智塔，珠海金山公司的下属西山居游戏制作室等。这些企业目前在中国 CG 制作中处于龙头地位，代表了中国 CG 行业的领先水平，虽然与国外的水平还有相当的差距，但是发展速度相当快。CG 行业在技术更新的同时开始涉及三维领域，尤其是在影视制作领域。国内将 CG 技术应用于影视制作的公司主要有上海电影制片厂、上海美术电影制片厂、北京紫禁城影业公司等几个较有实力的影视制作公司，另外还有北京 DBS（深蓝的海）数码科技有限公司等专业数码影视制作公司也从事电影、电视中特技镜头的制作。

CG 技术最先源于美国。自 1968 年美国科学家在实验室中将自己亲属的照片扫描进计算机以来，计算机图形学已经在美国发展了整整 45 年，其中自 1975 年开始举办的"计算机图形艺术联合展"不仅极大地推动了美国 CG 艺术的发展，而且还发展成为世界 CG 艺术的年度盛会。在拥有先进计算机技术的美国，CG 技术已经广泛深入影视制作，每年给国家带来了近千亿美元的经济效益。可以说，CG 已经在美国形成了一种产业，深刻影响着美国的经济和文化发展。

CG 技术应用于影视行业成就了现今影视行业津津乐道的 CG 电影。广义的 CG 电影是指电影中某一片断采用了 CG 技术。蒙太奇是电影的生命，传统电影当然可以运用镜头实现一些时间和空间的转移，然而却存在着一些局限性。由于人力、物力的局限性，有些场景很难实现。例如，电影《珍珠港》中日机横行肆虐的宏大场景；《无极》中马蹄谷的野牛冲人、城池的鸟瞰，还有许多如梦如幻、充满韵味的场景；《阿甘正传》片头中羽毛徐徐飘落的镜头的婉约。这些场景用镜头实现起来非常困难。还有些非现实的场景，无论是流星撞击地球的场面，还是追溯到恐龙时代的场景，更甚者遥望遥远的未来时空……这些种种在现实中无法实现。CG 电影所展现的想象空间非常广阔，为观众绘声绘色地虚拟一个神奇莫测的世界，在 CG 技术的配合下，能让观众达到身临其境的感觉。

第2章
Maya灯光照明

灯光与材质是 CG 中不可或缺的一个重要环节，它的好坏直接决定整个成品的视觉效果。好的灯光与材质可达到点目传神的作用，相反，即使有绝妙的模型与动画、炫目的特效，也会让作品大打折扣，索然无味。

好的作品来源于生活，同样，无论作品的风格如何，材质、灯光均源于对真实生活的理解，而并非只是对软件技术本身的理解。本部分的内容从实际制作入手，使读者逐步领略与掌握材质和灯光的制作。

在 Maya 的渲染模块的模块选择器中选择"Rendering"切换到渲染模式（或按快捷键"F6"），可以通过快捷键"T"切换到目标控制状态，如图 2-1 所示。

如果单击循环控制手柄，则可以产生不同的操作手柄来控制聚光灯的效果。

第一次单击循环控制手柄，可以调整灯光枢轴手柄。枢轴手柄相当于一个基点，光源控制手柄和目标控制手柄相当于杠杆的两端，任何聚光灯的枢轴移动，都是基于这三者的配合，枢轴手柄的位置决定了光源控制手柄和目标控制手柄的移动范围，如图 2-2 所示。

图2-1

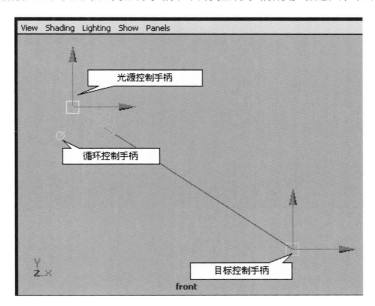

图2-2

第二次单击循环控制手柄，可以调整灯光圆锥角的大小（可以在"Channel Box"中的"Cone Angle"中进行调节）。

第三次单击循环控制手柄，可以调整灯光半影（可以在"Channel Box"中的"Penumbra Angle"中进行调节），它用来调节灯光柱在靠近边缘处是如何衰减的，如图 2-3 所示。

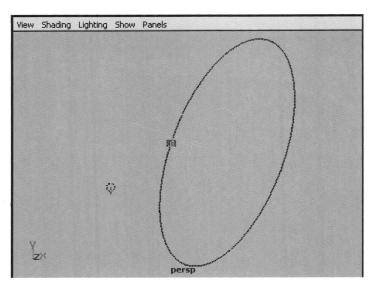

图2-3

第四次单击循环控制手柄，显示灯光的衰减范围和衰减率。

第五次单击可利用调整手柄调整灯光的衰减范围和衰减率，如图 2-4 所示。

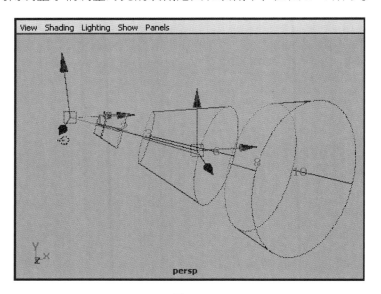

图2-4

创建灯光后，我们需要对灯光进行定位，也就是要摆放灯光在场景中的位置或是照明方向。灯光有以下三种常用的定位方法。

（1）灯光可以像 Maya 中的其他类型物体一样进行坐标的变换操作。按键盘上的 "W" 键（或单击左侧快捷命令栏的"Move Tool"图标），来移动灯光；按键盘上的"E"键（或单击左侧快捷命令栏的"Rotate Tool" 图标），来旋转灯光；按键盘上的 "R" 键（或单击左侧快捷命令栏的 "Scale Tool" 图标），来缩放灯光的外观大小。

（2）使用 "灯光操纵器" 可以进一步交互地定位灯光。选中聚光灯，按键盘上的 "T" 键（或单击左侧快捷命令栏的 "Show Manipulator Tool" 图标），聚光灯附近会多出一个图标。同时聚光灯的操纵器变为两部分，这两部分称为"关注点和原点"（"Center of Interest/Origin"），关注点也常被称为"目标点"。操纵器的原点部分，可以改变灯光的位置；关注点位置可以改变灯光的方向（所有的灯光都包括此选项）。再按一次"W"（或"E"、"R"）键，恢复到原先的控制状态，如图2-5所示。

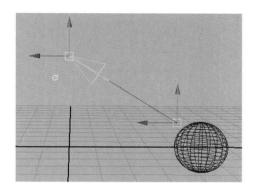

图2-5

（3）通过使用"Look Through Selected"命令可以使我们更直观地确定灯光的照射方向和位置。该命令位于操作窗口左上角的命令菜单中，如图2-6所示。

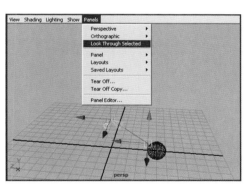

图2-6　　　　　　　　　　　　　　　　　　图2-7

选中场景中的聚光灯，单击"Panels"→"Look Through Selected"命令，则当前视图切换成从灯光的角度观察物体的模式，可以通过与普通视图的操作同样的方法操作灯光模式的视图，该视图在变换的同时，相应的灯光也会改变场景中的位置和方向。通过使用该命令，可以极大地方便我们对灯光进行定位，如图2-7所示。

2.1　灯光类型

在"Create"→"Lights"命令下我们可以看到，Maya的灯光类型共分6种（见图2-8）。它们是：Ambient Light；Directional Light；Point Light；Spot Light；Area Light；Volume Light。

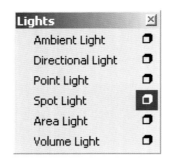

图2-8

1. Ambient Light（环境光）

顾名思义，环境光能够从各个方向均匀地照射场景中的所有物体。环境光具有两种相互矛盾的属性。它的一部分光是向各个方向照亮物体（像是从一个无穷大的球的内表面发出的光），而另一部分光是从光源的位置发出（像是从一个点光源发出的光），如图 2-9(a) 所示。通过在属性编辑器中设置环境光的"Ambient Shade"值的大小将这两个相反的参数结合起来。当"Ambient Shade"值为 0 时，它的一部分光是向各个方向照亮物体；当"Ambient Shade"值的大小为 1 时，环境光就完全成了一个点光源，如图 2-9(b)、(c) 所示。用一个环境光可以模仿方向光的联合（如太阳和灯），将点光源和漫射光结合起来。环境光可以投射阴影,但只有"Raytracing Shadow"(光影跟踪）算法才能计算阴影。

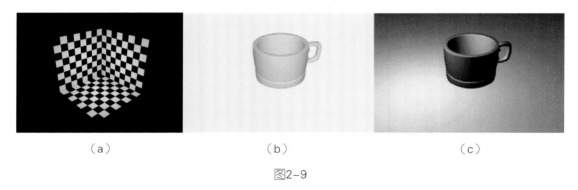

（a）　　　　　　　　　　　（b）　　　　　　　　　　　（c）

图2-9

2. Point Light（点光源）

点光源是目前使用得最普通的光源。光从一个点光源射向四面八方，所以光线是不平行的，光线相汇点是灯所在的地方。它模拟一个挂在空间里的无遮蔽的电灯泡。点光源可以投射阴影，如图 2-10 所示。

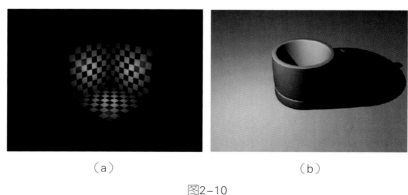

（a）　　　　　　　　　　　　　　　　（b）

图2-10

点光源投射阴影的形状如图 2-11 所示，注意它的形状是向外发散的。

图2-11

3. Directional Light（平行光源）

远光灯是用来模拟一个非常明亮、非常遥远的光源。所有的光线都是平行的。虽然太阳是一个点光源，可是因为它离我们的距离如此遥远，以至于太阳光到达地球后实际上是没有角度的，所以我们用平行光源来模拟太阳光，如图 2-12 所示。注意，平行光没有衰减属性。

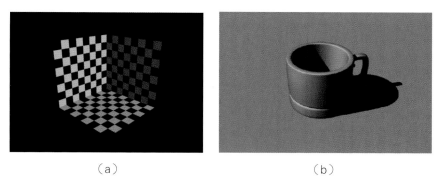

（a）　　　　　　　　　　　　　　　（b）

图2-12

平行光可以投射阴影。平行光投射的阴影如图 2-13 所示，因为平行光的光线都是平行的，所以它投射的阴影也是平行的，这是它的一大特征。

图2-13

4. Spot Light（聚光灯）

聚光灯是具有方向性的灯，所有的光线从一个点并以你定义的圆锥形状向外扩散，如图 2-14 所示。可通过使用"Cone Angle"（锥角）滑块的方法，从顶点开始以度为单位来度量锥体。聚光灯是所有灯光中参数最复杂的灯光，通过调节它的参数可以产生很多类型的照明效果。"Cone Angle"控制光束扩散的程度，通常采用缺省值（40 度）就够了。不要把"Cone Angle"设置得太大，否则阴影会出现问题。

Cone Angle（锥角）：当聚光灯扩展到最大的时候，接近一个半球空间。两个这样的半球放在一起，就可以模拟一个"点光源"的照明效果。

Penumbra Angle（半阴影范围）：该值为正时，外部矩形区域边缘模糊不清；该值为负时，内部矩形区域边缘模糊，边缘轮廓不清。

Drop off（衰减率）：控制灯光强度从中心到光锥边缘的衰减速率。

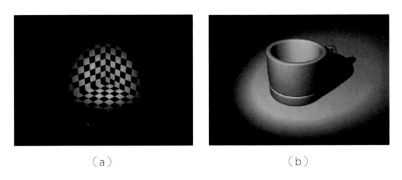

（a）　　　　　　　　　　　　　　　（b）

图2-14

聚光灯投射阴影的形状如图2-15所示。

图2-15

5. Area Light（区域光）

区域光是Maya灯光中比较特殊的一种类型。与其他的灯光不同的是，区域光是一种二维的面积光源。它的亮度不仅与强度相关，还与它的面积大小直接相关。在同样的参数条件下，面积越大，光效越强，同时区域光也有很强的衰减效果，如图2-16(b)所示。可以通过Maya的变换工具改变它的大小来影响光照强弱，这是其他类型的灯光无法做到的。

在实际制作中，区域光可以用来模拟灯箱、屏幕等灯光效果，如图2-16(c)所示，还可以模拟诸如窗户射入的光线等情况。区域光的计算是以物理为基础的，它没有设置衰减选项的必要。

区域光也可以投射阴影，但是，如果使用"Depth Map Shadow"（深度贴图）算法来计算区域光的阴影，它的阴影和其他的灯光相比没有什么两样。要想得到真实的区域光阴影，必须使用"Raytracing Shadow"（光影跟踪）算法。

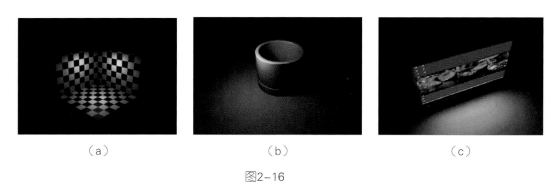

（a）　　　　　　　　　　　（b）　　　　　　　　　　　（c）

图2-16

图 2-17 所示为通过光影追踪计算得到的区域光阴影，随着距离变远，其阴影变得越来越虚。这是区域光的阴影特点。但是这种高质量的阴影是以大量的计算时间为代价的。

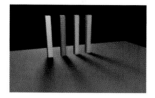

图2-17

6. Volume Light（体积光）

Volume Light 具有轮廓概念，其轮廓之外的物体不受体积光影响，体积光轮廓形状也可调整，如图 2-18 所示；还可以手动控制衰减的效果，分别为"Box"、"Sphere"、"Cylinder"、"Cone"等形状以适应实际制作需要（见图 2-19），同时其"Color Range"（颜色范围）和"Penumbra"（半影）也可通过"Ramp"和曲线进行控制，以满足更多的调整需求，如图 2-20 所示。

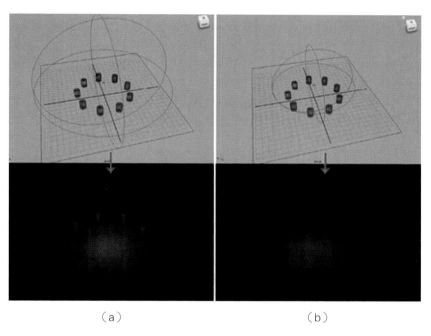

（a） （b）

图2-18

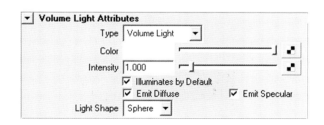

图2-19

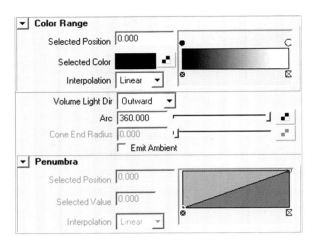

图2-20

1）Light Shape

体积光提供了四种体积形状，分别是"Box"（正方形）、"Sphere"（球形）、"Cylinder"（圆柱形）、"Cone"（圆锥形），如图 2-21 所示，不同的体积形状，决定了不同的体积光照射范围，如图 2-22 所示。

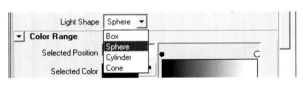

图2-21

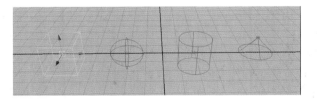

图2-22

2）Color Range（颜色范围）

该部分参数用于控制灯光照明区域从中心到边缘的颜色变化，可以在右侧的颜色控制区域内手动控制。在该区域内，鼠标单击任一位置都会生成一个新控制点。颜色区域上边的圆点确定了控制点的位置，可以左右拖动，同时该圆点也显示了对应控制点的颜色。单击颜色区域下边的叉形符号可删除对应的控制点，如图 2-23 所示。

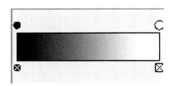

图2-23

Selected Position 用于设定控制点的准确位置。

Selected Color 用于设定控制点的颜色，单击颜色选择框可以弹出颜色选择面板。

Interpolation 用于设定控制点间的颜色过渡的渐变方式，提供了"None"、"Linear"、"Smooth"、"Spline"等四种渐变方式，分别如图 2-24(a)~(d)所示。

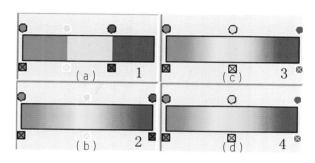

图2-24

利用"Color Range"（颜色范围）参数创建的彩色光环，如图 2-25 所示。

图2-25

Volume Light Dir 用于控制体积光在其照明区域内（体积内部）的照明方向，它提供了"Outward"、"Inward"、"Down Axis"等三种方向。"Outward"是模拟一个带有衰减的点光源，如图 2-26 所示；"Inward"是表现一种内部照明的效果，如图 2-27 所示；"Down Axis"是模拟一种带有衰减的平行光，如图 2-28 所示。

图2-26

图2-27

Arc 用于控制体积光照射区域（体积）在 Y 轴上的张开角度，其默认值是 360 度，Arc 角度值为 30 度的效果如图 2-29 所示。

图2-28

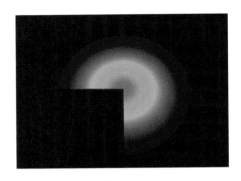
图2-29

Cone End Radius选项只有在"Light Shape"属性为"Cone"时（体积光的体积形状为锥形时）才有效，是用于控制圆锥的顶角半径的参数。其默认值为 0，当该值不为 0 时，圆锥变成圆台，如图 2-30 所示。

图2-30

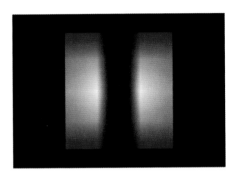
图2-31

3）Penumbra（半影）

此参数只有在 "Light Shape" 属性为 "Cylinder" 和 "Cone" 时（体积光的体积形状为圆柱形或圆锥形时）才有效，是用于控制体积光在其照明区域内，从光源中心到四周的衰减效果。可以在右侧的坡度条内手动设置其衰减值，常用于表现特殊效果。坡度条的使用与 "Color Range" 属性中提到的颜色条的使用方法相同，不再赘述，其特殊照明效果如图 2-31 所示。

Selected Position 用于设定控制点的准确位置。

Selected Value 用于设定控制点所在位置的衰减值。

Interpolation 用于设定控制点间衰减值的过渡方式，提供了 "None"、"Linear"、"Smooth"、"Spline" 等四种过渡方式。

2.2 灯光的基本属性

1. 灯光特点总汇
我们可以通过表 2-1 来区分各类灯光的特点。

表2-1

	Ambient Light	Directional Light	Point Light	Spot Light	Area Light	Volume Light
Depth Map Shadow		支持	支持	支持	支持	支持
Raytrace Shadow	支持	支持	支持	支持	支持	支持
Decay Rate （衰减速率）			支持	支持	支持	
Light Effects			支持 （fog/glow）	支持 （fog/glow）	支持 （glow）	支持 （fog/glow）
空间位置要求	当Ambient Shade 为0时不要求	不要求				

在属性编辑面板中，包括了该灯光的所有属性参数。在spotLightShape1标签栏下，我们可以调整灯光的各种属性和参数。观察该标签栏下的参数面板，参数被分成了八大部分，如图2-32所示。我们常用到的是"XXX Light Attributes"（某灯光属性）、"Light Effects"（灯光特效）、"Shadows"（阴影）和"Extra Attributes"（扩展属性）这几部分参数。

图2-32

单击展开"Spot Light Attributes"卷展栏，这里提供了灯光的基本属性，如图2-33所示。

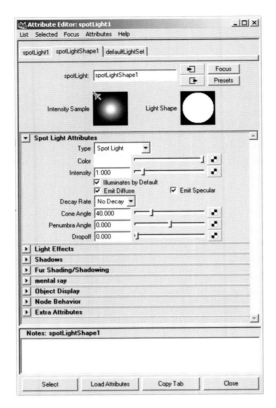

图2-33

（1）Type：灯光的类型，可通过该选项，把当前灯光改变为其他类型的灯光。单击该参数右侧向下的三角箭头，打开下拉菜单。在下拉菜单中，可以找到前边所提到的六种类型的灯光，选中其中的一种，当前灯光就改变为你选中的类型。

（2）Color：控制灯光的颜色，默认值是白色。

单击颜色区域，会弹出 Color Chooser 窗口，在窗口中可以有多种方式选择需要的颜色。颜色区域右侧的是范围控制滑条，该滑条控制当前颜色的明度。最右侧是贴图按钮，单击该按钮会弹出材质创建面板 "Create Render Node"，在该面板中，可以为灯光的颜色属性指定一种材质纹理，且灯光会对该纹理进行投影。Maya 灯光的所有属性只要右侧有贴图按钮的都可以进行贴图操作，可以通过贴图来控制该属性，这一内容后面不再赘述。

（3）Intensity：控制灯光的强度（亮度）。其值为零时，灯光不产生照明效果。它右侧的范围滑条的默认范围是 0~10，在输入栏中直接输入数值，可以定义大于 10 和小于 0 的值。

注意，当灯光的强度定义为负数时，可以产生吸光灯的效果，常用于消除其他灯光产生的热点或耀斑。

Illuminates by Default：默认灯光链接开关。

Emit Diffuse：漫反射开关。

Emit Specular：高光开关。

（4）灯光有四种衰减方式，即 "No Decay"（无衰减）、"Linear"（线性衰减）、"Quadratic"（二次方衰减）、"Cubic"（立方衰减），我们常用的是线性衰减和二次方衰减。此外，该值对小于一个单位的距离没有影响。其默认值为 No Decay，如图 2-34 所示。

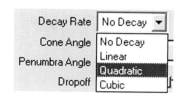

图2-34

注意，灯光的衰减次数越高，原灯光的 Intensity 值也随之升高。

灯光在场景中的位置如图 2-35 所示。

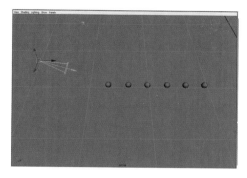

图2-35

相同条件下的灯光在 Decay Rate 参数分别为"No Decay"、"Linear"、"Quadratic"、"Cubic"时的渲染结果如图 2-36(a)~(d) 所示。

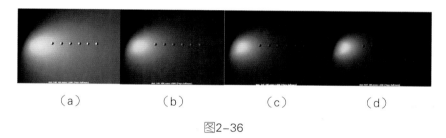

（a）　　　　　（b）　　　　　（c）　　　　　（d）

图2-36

（5）Cone Angle：聚光灯的锥角角度，控制聚光灯光束扩散的程度，单位为"度"。该参数是聚光灯特有的属性，有效范围是 0.006~179.994 度。

（6）Penumbra Angle：控制聚光灯的锥角边缘在半径方向上的衰减程度。在聚光灯的锥角边缘处，在半径方向上的一定距离内，将光强以线性方式衰减为 0，单位为"度"。

（7）Dropoff：控制灯光强度从中心到聚光灯边缘减弱的速率。该参数有效范围为零至无穷，右侧滑块的默认范围是 0~255。可以在输入框中直接输入数值，一般其值都控制在 0~50 之间。

注意，值为 1 或更小值时，其效果都是相同的。

2. 其他类型灯光的属性

相比聚光灯，Ambient Light（环境光）补充了一个特有参数——Ambient Shade，该参数用于控制环境光是趋向于各个方向均匀照亮物体的，还是趋向于像一个点光源一样从一个点发射光线。如果 Ambient Shade 的值大小为 1，则环境光就完全成为一个点光源。

Ambient Light（环境光）、Directional Light（平行光源）、Point Light（点光源）、Area Light（区

域光）只是比聚光灯少了一些属性参数，其保留下来的属性参数功能与聚光灯的相同。

　　Shadows（灯光阴影）真实世界中光与影是密不可分的，物体只要有光源照射就会产生阴影。阴影是 CG 创作中用于物体表现最重要的手段之一，有光和影才会使场景和物体产生空间感、体积感和质量感。Maya 中提供了两种阴影生成方式，即 Depth Map Shadows（深度贴图阴影）和 Ray Trace Shadows（光线追踪阴影）。

3. 深度贴图阴影和光线追踪阴影

　　展开灯光的阴影选项，如图 2-37 所示。

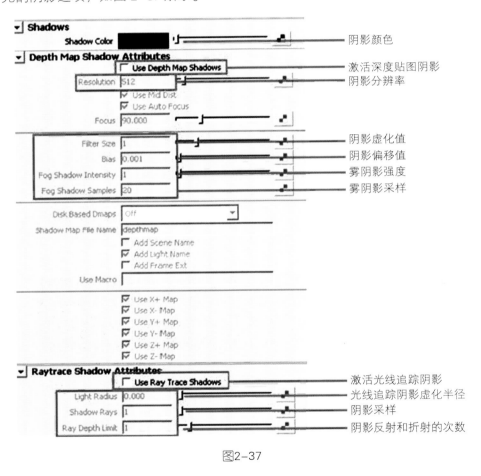

图2-37

　　（1）Depth Map Shadows（深度贴图阴影）：这种阴影生成方式是 Maya 在渲染时，生成一个深度贴图文件，该文件记录了投射阴影的光源到场景中被照射物体表面之间的距离等信息，如图 2-38 所示。根据这个文件来确定物体表面的前后位置，从而对后面的表面投射阴影。这种阴影生成方式的特点是渲染速度快，生成的阴影相对比较软，边缘柔和，但是不如 Ray Trace Shadows（光线追踪阴影）真实。

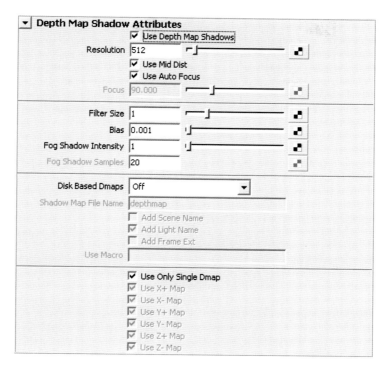

图2-38

(2) Ray Trace Shadows（光线追踪阴影）：这种阴影生成方式是比较真实的跟踪计算光线的传播路线，从而确定如何和在哪里投射阴影的一种方法，如图2-39所示。这种方式的特点是计算量大，渲染速度慢，但是生成的阴影比 Depth Map Shadows（深度贴图阴影）更真实，阴影比较硬，边缘清晰。要表现物体的反射和折射效果，需要使用 Ray Trace Shadows（光线追踪阴影）才能表现出真实的效果。

图2-39

Maya 中创建的灯光默认状态下是不打开阴影选项的，即不投射阴影，这是考虑到渲染速度的原因。要使灯光投射阴影，需要在选中灯光的属性编辑面板中手动打开阴影选项，即勾选 "Depth Map Shadows"（深度贴图阴影）或是 "Ray Trace Shadows"（光线追踪阴影）方式。对于同一盏灯光，这两种阴影的生成方式只能选择一种，即当选择了其中一种时，另一种会自动关闭。

注意，当我们使用了 Ray Trace Shadows（光线追踪阴影）方式时，还需要在 Maya 菜单栏的 "Window" → "Rendering Editors" → "Render Globals"（渲染全局设置）面板中找到 "Raytracing Quality" 选项栏，勾选 "Raytracing" 选项（见图2-40），从而启动渲染的光线追踪计算功能，否则是渲染不出 "Ray Trace Shadows"（光线追踪阴影）效果的。

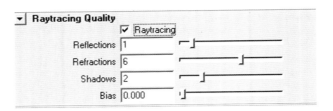

图2-40

此外，Ambient Light（环境光）只支持 Ray Trace Shadows（光线追踪阴影），没有 Depth Map Shadows（深度贴图阴影）的选项。

4. Depth Map Shadow Attributes（深度贴图阴影属性）

（1）Use Depth Map Shadows：勾选该选项后，Maya 在渲染时会产生深度贴图阴影。同时，下边的深度贴图阴影的属性参数被激活。图 2-41(a) 所示为 "Resolution" 的值为 512 时生成的阴影，图 2-41(b) 所示为 "Resolution" 的值为 2048 时生成的阴影。

（a）　　　　　　　　　　　　　　（b）

图2-41

（2）Resolution：用于控制生成的深度贴图文件的大小。例如，512 像素（默认值）就会生成一个 512 像素 ×512 像素的深度贴图文件。该值越大，生成的阴影就越清晰，但是计算量就会越大，渲染的速度也会越慢。

Use Mid Dist：如果不勾选，Maya 会为深度贴图中每个像素计算从灯光到最近投射曲面间的距离，作为判断另一个表面是否处在这个表面的阴影中的依据。如果勾选，灯光会计算最近的投射曲面间的距离，再计算到下一个最近投射曲面间的距离，然后取其平均值，作为判断另一个表面是否处在这个表面的阴影中的依据，如图 2-42 所示。

图2-42

Use Auto Focus：勾选后，Maya会自动缩放创建的深度贴图填充灯光照明区域。如果不勾选，则可以手动调整深度贴图。默认为勾选。

(3) Width Focus(Focus)：用于手动缩放深度贴图文件的大小。聚光灯、点光源等灯光类型的此参数名称为Focus，平行光的此参数名称为Width Focus。因为Maya创建的深度贴图文件使用的是绝对分辨率，所以减小深度贴图的尺寸能有效增加深度贴图的分辨率，而不增加渲染时间。默认状态下勾选"Use Auto Focus"选项，让Maya自动缩放深度贴图文件。

Use Light Position：此参数仅应用于平行光，控制平行光是否在图标前后都产生照明和阴影效果。如果勾选，则平行光仅在图标前面产生照明和阴影效果；如果不勾选，则对图标的两侧都发生作用。默认为不勾选。

(4) Filter Size：用于控制深度贴图阴影边缘的模糊程度。该值越大，则阴影边缘的模糊程度越高。

(5) Bias：用于控制深度贴图阴影偏移投影物体的程度。该值在某些特殊情况下用来微调阴影和投影物体的相对位置关系。一般使用默认值。

(6) Fog Shadow Intensity：用来控制灯光雾的阴影强度，该值越大，灯光雾的阴影效果就越强。有关灯光雾效果的部分请参考"灯光特效"部分。

(7) Fog Shadow Samples：用来控制灯光雾效果的阴影采样值，改善灯光雾的阴影的颗粒现象。该值越高，灯光雾的阴影越细腻，但是相应的计算量也会增加，渲染速度变慢。

(8) Disk Based Dmaps：该属性和其下的参数用于设置Maya重复使用深度贴图信息文件，合理设置这部分参数可以大大提高Maya的渲染效率。Maya允许我们将灯光的深度贴图保存到磁盘中，在以后的渲染中可以直接调用这个文件，不必再次计算深度贴图文件，加快渲染速度。该文件被保存在预定的"工程项目"下的"depth"目录中。

Off：每次渲染时都计算深度贴图文件。不读取磁盘上保存的深度贴图文件，也不保存新生成的深度贴图文件。

Overwrite Existing Dmap(s)：每次渲染时重新计算深度贴图文件，并且把该文件保存到磁盘上，如果磁盘上已存在深度贴图文件，则覆盖原文件。

Reuse Existing Dmap(s)：渲染时先检查磁盘上是否有保存的深度贴图文件。如果有就使用该文件；如果没有就新计算一个深度贴图文件，并保存到磁盘上。

(9) Shadow Map File Name：自定义深度贴图文件的文件名。

Add Scene Name：将场景文件名添加到生成的深度贴图文件名中。

Add Light Name：将灯光名添加到生成的深度贴图文件名中。

Add Frame Ext：有动画时，如果勾选该选项，Maya会保存每一帧的深度贴图并且把帧数添加到深度贴图的文件名中；如果不勾选，则整个动画保存为一个深度贴图文件。

(10) Use Macro：Maya运行一些宏命令，来更新从磁盘中读出的深度贴图。该参数只有在"Disk Based Dmaps"选项为"Reuse Existing Dmap(s)"时才被激活。

Use Only Single Dmap：该选项只应用于聚光灯。勾选时，Maya会在渲染时为聚光灯只生成一个深度贴图文件。但是，如果聚光灯的Cone Angle（锥角角度）过大（大于90度），深度贴图的Resolution值可能会不够用，阴影的边缘就会出现锯齿。这时候如果取消勾选该选项，则Maya会为聚光灯创建多个深度贴图文件，即分别在每一个轴向上创建深度贴图文件。

5. Raytrace Shadow Attributes（光线追踪阴影属性）

Use Ray Trace Shadows：勾选该选项后，Maya 在渲染时会产生光线追踪阴影。同时，下边的光线追踪阴影的属性参数被激活。

Light Radius：该参数用于控制光线追踪生成的阴影边缘的模糊程度，如图 2-43 所示。该值越大，阴影的边缘就越模糊，但是颗粒现象越明显，可通过调整 "Shadow Rays" 参数来改善颗粒现象，生成柔和细腻的阴影边缘。要注意的是，在平行光中该参数名称为 "Light Angle"，其功能相同。在区域光中，没有该参数。

图2-43

Shadow Rays：该参数用于控制光线追踪生成的阴影边缘的细腻程度，改善由 Light Radius 参数生成的颗粒现象，如图 2-44 所示。该值越大，阴影的边缘就越细腻，但是计算量相应增加，渲染速度变慢。

图2-44

Ray Depth Limit：用于限制生成光线追踪阴影时光线进行反射或折射计算的次数。默认为最小次数 1 次。要注意的是，在 "Render Globals"（渲染全局设置）面板中的 "Raytracing Quality" 选项栏中的 "Shadows" 参数也是用于控制生成光线追踪阴影时的反射或折射计算次数。Maya 在渲染时会比较这两个值，然后取较小的那个值作为控制。此外，当这个值为 1 时，透明物体后边的阴影不会被显示出来，至少为 3 时才会显示出透明物体后边的阴影。

6. Light Effects（灯光特效）

除了可以控制灯光的基本照明属性外,还可以给灯光添加一些特殊效果。Maya给我们提供了"Light Fog"（灯光雾）、"Light Glow"（灯光辉光）、"Barn Doors"（光栅）、"Decay Regions"（衰减区域）等四种特效，如图 2-45 所示。但是，并不是所有类型的灯光都可以添加这四种特效。

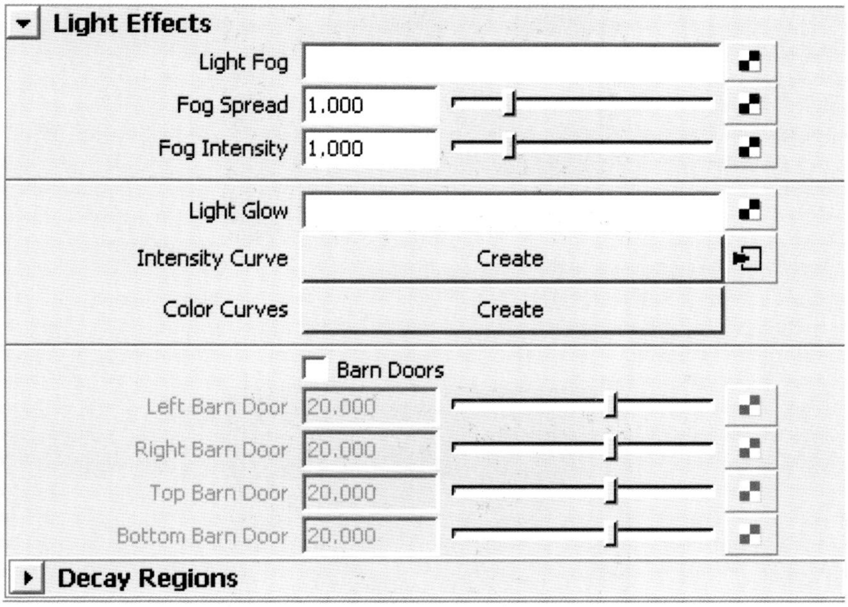

图2-45

1）Light Fog（灯光雾）

灯光雾是在灯光的照明范围内添加的一种云雾效果。灯光雾（见图 2-46）只能应用于点光源、聚光灯和体积光。点光源的灯光雾是球形的，聚光灯的灯光雾是锥形的，体积光的灯光雾效果是由它的体积形状决定的。

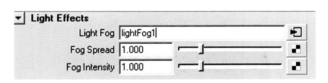

图2-46

Light Fog：用于创建灯光雾效果。单击"Light Fog"参数右侧的贴图按钮，Maya 就会给灯光添加一个雾节点，也就创建了一个灯光雾效果，该节点的名称显示在中间的名称栏中。

Fog Type（雾类型）：该参数只在点光源的属性编辑面板中出现，是用来设置灯光雾的三种不同浓度衰减方式。"Normal"是雾的浓度不随着距离变化；"Linear"是雾的浓度随着距离的增加呈线性衰减；如果设置为"Exponential"，则灯光雾的浓度随距离的平方成反比衰减。

图 2-47 所示灯光效果分别是"Fog Type"选项为 Normal、Linear、Exponential 时的效果。

Fog Radius（雾半径）：此参数也只在点光源的属性编辑面板中出现，控制灯光雾球状体积的大小。

Fog Spread（雾扩散）：此参数只在聚光灯的属性编辑面板中出现，是用来控制雾在横断面半径方向上的衰减。

图2-47

图2-48所示灯光效果分别是"Fog Spread"（雾扩散）的参数值为2、1、0.5时的效果。

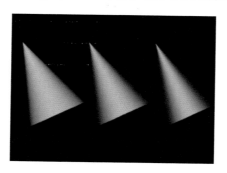

图2-48

Fog Intensity（雾强度）：用来控制雾强度的参数。

我们可以单击"Light Fog"参数右侧的 ▪ 按钮，进入到灯光雾的节点属性面板中，进一步调整灯光雾的效果。

图2-49所示灯光效果分别是"Fog Intensity"（雾强度）的参数值为2、1.5、1时的效果。

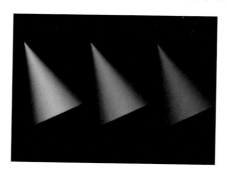

图2-49

我们可以进入灯光雾节点的属性面板中进一步设置灯光雾的属性参数。单击灯光属性面板中Light Fog参数右侧的进入下游节点图标，即进入灯光雾的属性参数面板。

单击"Light Fog"右侧的 ▪ 按钮，进入下游节点按钮，得到如图2-50所示界面。

Color（颜色）：设置灯光雾效果的颜色。默认色为纯白色。灯光雾效果的实际颜色，同时受到灯光颜色和雾颜色的影响。

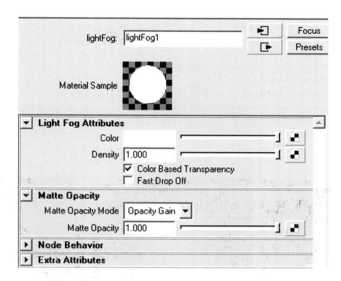

图2-50

Density（密度）：控制灯光雾的密度，雾的密度越大，视觉效果越亮。

Color Based Transparency（颜色基本透明）：控制雾中或雾后的物体的模糊程度效果。勾选后，处在雾中或雾后的物体的模糊程度同时受 Color（颜色）和 Density（密度）的影响。默认勾选该选项。

Fast Drop Off（衰减）：控制雾中或雾后的物体的模糊程度效果。勾选后，雾中或雾后的各物体会受不同模糊程度的影响，模糊的程度同时受 Density 值和物体距摄像机的距离的影响（也就是受物体和摄像机之间雾的多少影响）；如果不勾选，雾中或雾后的物体产生同样模糊程度的影响，模糊的程度受 Density 值影响。

注意，灯光雾的阴影可以对处在雾中的物体产生阴影效果。灯光雾的阴影参数并不是在灯光特效参数部分中，而是在产生雾效果灯光的阴影参数部分。我们在灯光的属性编辑面板中找到"Shadows"参数栏部分，勾选"Use Depth Map Shadows"选项，使用深度贴图阴影。在深度贴图阴影部分的参数中的"Fog Shadow Intensity"（雾阴影强度）和"Fog Shadow Samples"（雾阴影采样值）两个参数，就是用来控制灯光雾的阴影效果的，如图 2-51 所示。

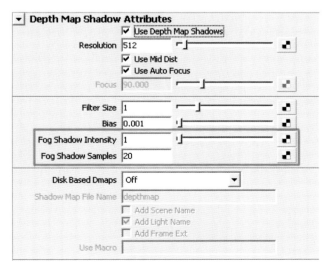

图2-51

Fog Shadow Samples（雾阴影采样值）：用来控制灯光雾生成的阴影效果的颗粒度。这个值越大，产生的阴影就越细腻，但是计算量也越大，渲染速度也就越慢。

2）Light Glow（灯光辉光）

建立灯光特效后，"Light Glow"参数右侧的贴图按钮 ▪ 变成"进入下游节点"按钮。单击该按钮，进入opticalFX1节点的属性编辑面板，在这里我们可以设置辉光的属性。不同类型的辉光效果如图2-52所示，图2-52(a)所示为Light Glow效果，图2-52(b)所示为Glow加Halo的效果，图2-52(c)所示为Glow加Lens Flare的效果。

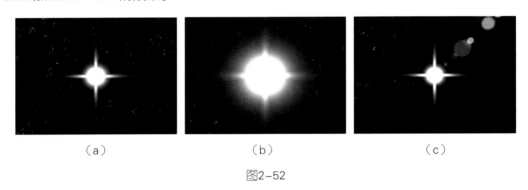

（a） （b） （c）

图2-52

（1）Optical FX Attributes（光学节点属性）。

这一部分参数控制辉光、光晕和镜头光斑的视觉效果，如图2-53所示。

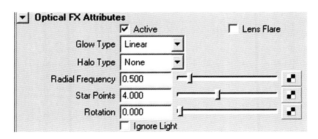

图2-53

① Active：用于控制打开或关闭灯光光学特效。默认状态下是勾选的，即打开灯光光学特效。

② Lens Flare：用于控制打开或关闭镜头光斑效果。默认状态下没有勾选，勾选后应用镜头光斑效果，并且激活下边的"Lens Flare Attributes"（镜头光斑属性）部分参数。

③ Glow Type：辉光类型。Maya提供了五种辉光效果，通过右侧的下拉菜单可以选择辉光的类型。

None：不显示辉光效果。

Linear：辉光从灯光中心向四周呈线性衰减，如图2-54(a)所示。

Exponential：辉光从灯光中心向四周呈指数衰减，如图2-54(b)所示。

Ball：辉光从灯光中心在指定的距离内迅速衰减，如图2-54(c)所示。衰减距离由"Glow Spread"参数指定。

Lens Flare：模拟灯光照射多个摄像机镜头的效果，如图2-54(d)所示。

Rim Halo：在辉光周围生成一圈圆环状的光晕，环的大小由"Halo Spread"参数控制，如图2-54(e)所示。

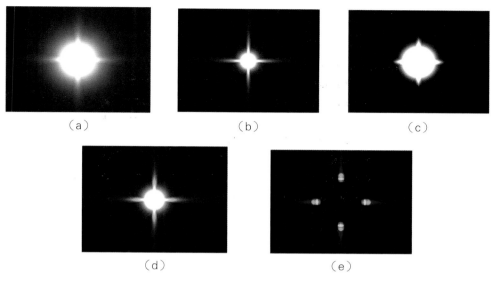

图2-54

④Halo Type：光晕类型。Maya 提供了五种光晕效果，通过右侧的下拉菜单可以选择光晕的类型。为了突出显示效果，图 2-55 在辉光的基础上混合了光晕效果。辉光设置为黄色、line 类型衰减，光晕设置为红色。

None：不显示光晕效果，如图 2-55(a) 所示。

Linear：光晕从灯光中心向四周呈线性衰减，如图 2-55(b) 所示。

Exponential：光晕从灯光中心向四周呈指数衰减，如图 2-55(c) 所示。

Ball：光晕从灯光中心在指定的距离内迅速衰减，如图 2-55(d) 所示。衰减距离由"Glow Spread"参数指定。

Lens Flare：模拟灯光照射多个摄像机镜头的效果，如图 2-55(e) 所示。

Rim Halo：在辉光周围生成一圈圆环状的光晕，如图 2-55(f) 所示。环的大小由"Halo Spread"参数控制。

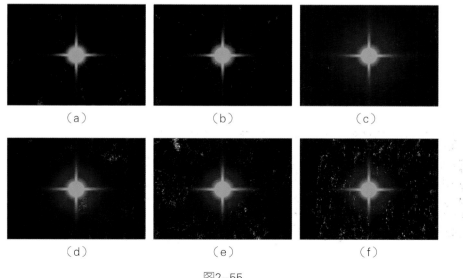

图2-55

(2) Glow Attributes（辉光属性）。

这部分参数用来控制辉光效果，如图 2-56 所示。

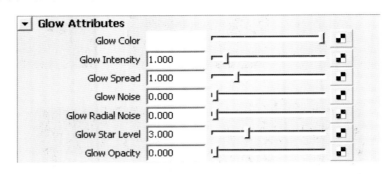

图2-56

① Glow Color：辉光颜色，用来设置辉光的颜色，默认为白色。单击颜色区域，弹出"颜色选择"面板。

② Glow Intensity：辉光强度，用来控制辉光的亮度。增加亮度时，辉光的大小也随之增加。该参数可设为负值，负值时将从其他辉光中吸光。

③ Glow Spread：控制辉光相对于镜头的大小。

④ Glow Noise：控制辉光的噪波的长度。辉光的这种噪波是一种二维噪波，它以光源为中心发射，一般指向摄像机。它会创建一种在光源和辉光的周围烟雾缭绕的效果，如图 2-57 所示。

图2-57

⑤ Glow Radial Noise：让辉光随机扩散。表现为辉光的光芒长短不一，实现一种直视明亮的光源时，随机的刺眼的效果。

⑥ Glow Star Level：模拟摄像机的星状过滤器的效果。表现为辉光的光芒和中心的光晕的比例改变，以及辉光光芒的粗细。Glow Star Level 参数值为 4 时的效果如图 2-58(a) 所示，Glow Star Level参数值为 1.5时的效果如图 2-58(b) 所示,Glow Star Level参数值为 0时的效果如图 2-58(c) 所示。

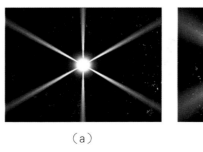
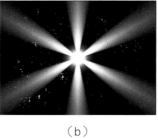

（a）   （b）   （c）

图2-58

⑦ Glow Opacity：用于控制 Glow 的不透明度。Glow Opacity 参数值为 0 时的效果如图 2-59(a) 所示，Glow Opacity 参数值为 10 时的效果如图 2-59(b) 所示。

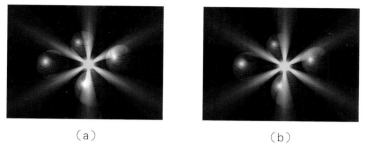

　　　　　（a）　　　　　　　　　　　　　　　　（b）

图2-59

(3) Halo Attributes（光晕属性）。

Halo Attributes 的参数设置如图 2-60 所示。

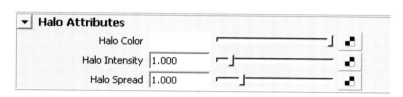

图2-60

Halo Color：设置光晕的颜色。可以单击颜色区域，打开颜色选择窗口。Halo Color 参数设置为蓝色时的效果如图 2-61 所示。

图2-61

Halo Intensity：控制光晕的强度。该参数值越大，光晕的亮度越强，外观也会增大。

Halo Spread：控制光晕的大小。

(4) Lens Flare Attributes（镜头光斑属性）。

Lens Flare部分参数只有在勾选"Optical FX Attributes"中的"Len Flare"后才会被激活,如图2-62所示。

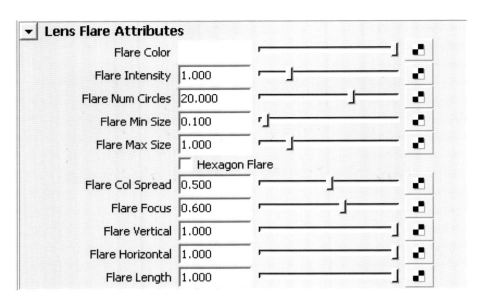

图2-62

① Flare Color：控制镜头光斑光圈的颜色。可以单击"颜色"区域，打开颜色选择窗口。

注意，实际效果中光圈颜色并不是唯一的，而是以所设定的颜色为主要色，在颜色表上向两端过渡的一系列颜色。

② Flare Intensity：控制镜头光斑的强度。该参数值越大，镜头光斑越明亮，越耀眼。Flare Intensity 参数值为 2 时的效果如图 2-63(a) 所示，Flare Intensity 参数值为 4 时的效果如图 2-63(b) 所示。

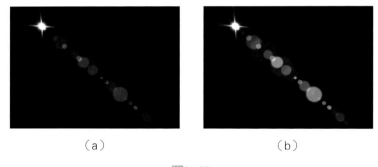

（a）　　　　　　　（b）

图2-63

③ Flare Num Circles：控制镜头光斑中光圈的数量，值域为零到无穷大。该参数值越大，计算量越大，渲染速度越慢。

④ Flare Min Size：在镜头光斑效果中，光圈的大小并不是一样的。Maya 在一个给定的范围内随机产生各个光圈的大小。Flare Min Size 参数用来确定这个给定范围的最小值。

⑤ Flare Max Size：确定光圈大小范围的最大值。

Hexagon Flare：产生六边形的光斑。勾选 Hexagon Flare 参数后，得到的六边形光斑效果如图 2-64 所示。

图2-64

⑥Flare Col Spread：镜头光斑的个别光圈会随机产生颜色，"Flare Col Spread"参数用来控制这个随机产生的颜色在色域表中的范围。如果光斑的颜色为灰色系，则此参数不起作用。

⑦Flare Focus：用于控制镜头光斑的光圈清晰度，值越大越清晰，值域为0~1。

⑧Flare Vertical：用于控制光斑相对于镜头在竖直方向的延伸方向。

⑨Flare Horizontal：用于控制光斑相对于镜头在水平方向的延伸方向。

⑩Flare Length：用于控制光斑相对于镜头的长度和密度。

(5) Noise Attributes（噪波属性）。

Noise Attributes的参数设置如图2-65所示。

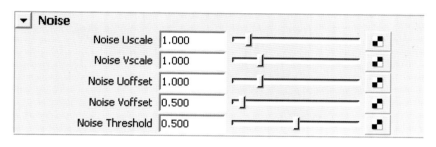

图2-65

Noise Uscale：调节辉光在U坐标方向上的比例。

Noise Vscale：调节辉光在V坐标方向上的比例。

Noise Uoffset：调节辉光在U坐标方向上的偏移。

Noise Voffset：调节辉光在V坐标方向上的偏移。

Noise Threshold：噪波的终止值。

7. 数字光学特技

Maya有一个光学效果节点（即OptiF/X），通过它可以为点光、面光和聚光产生辉光、光晕和镜头闪光等特技。灯光特技在模仿不同的摄像机滤镜、星光、蜡烛、火焰或大爆炸时非常有用。光源必须在摄像机视图里面，并且所有效果都是后期处理，也就是说，它们在所有常规渲染完成后才起作用。

8. 聚光灯

聚光灯有很多特有的属性，包括"Cone Angle"（全影角）、"Penumbra Angle"（半影角）、"Drop Off"这三个属性，如图2-66所示。

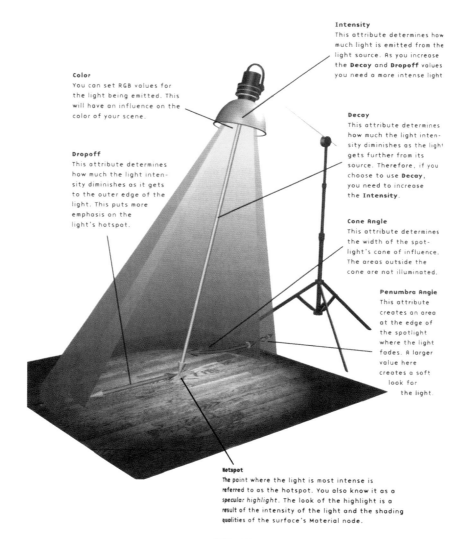

Color
You can set RGB values for the light being emitted. This will have an influence on the color of your scene.

Intensity
This attribute determines how much light is emitted from the light source. As you increase the Decay and Dropoff values you need a more intense light

Dropoff
This attribute determines how much the light intensity diminishes as it gets to the outer edge of the light. This puts more emphasis on the light's hotspot.

Decay
This attribute determines how much the light intensity diminishes as the light gets further from its source. Therefore, if you choose to use Decay, you need to increase the Intensity.

Cone Angle
This attribute determines the width of the spotlight's cone of influence. The areas outside the cone are not illuminated.

Penumbra Angle
This attribute creates an area at the edge of the spotlight where the light fades. A larger value here creates a soft look for the light.

Hotspot
The point where the light is most intense is referred to as the hotspot. You also know it as a specular highlight. The look of the highlight is a result of the intensity of the light and the shading qualities of the surface's Material node.

图2-66

Cone Angle（全影角）控制光束的扩散程度。其缺省值为 40 度。Penumbra Angle（半影角）则是指从聚光灯光束的边缘到光线强度线性衰减至 0 位置的角度。

例如，如果一盏射灯的 Cone Angle 为 40 度，Penumbra Angle 为 10 度，则其有效张角为 50 度，射灯的光线强度从 40 度到 50 度线性衰减至 0。假如它的 Cone Angle 为 40 度，而 Penumbra Angle 为 −10 度。这时其有效张角为 40 度，射灯的光线强度从 30 度到 40 度线性衰减至 0。

Drop Off 产生从锥角的中心至边缘的衰减，图 2-67 所示为 Drop Off 取不同值时的效果。

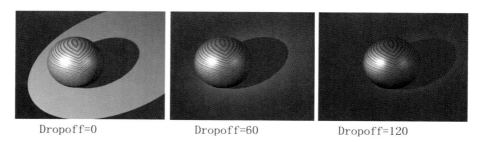

Dropoff=0   Dropoff=60   Dropoff=120

图2-67

2.3 灯光设置的技巧——三点式照明法

虽然照明的方法有很多，但是最基础的照明方法是三点式照明法。

作为经典的布光方法，三点式照明又被称为三角形照明，它一般由以下三种光源组成，即 Key Light（主光源）、Fill Light（辅光源）、Back Light（背光源）。

主光源：基本的光，也通常是最亮的光，让观看者清楚地了解明显的光源方向。它提供了场景主要的照明效果，并且担负了投射主要阴影的作用。在室外的场景中，主光源所代表的也许是日光，在室内场景中则是窗户或门照进来的光源等。

辅光源：平衡主光源的效果，照亮主光源没有照射到的黑色区域，控制场景中最亮区域和最暗区域间的对比度。

背光源：帮助物体从背景中凸显出来。最好的例子是，在音乐 MV 中，利用彩色光源、侧光源及对比光源，使歌手从其背景中凸显出来。

有趣的是，三点式照明有时也包含了第四盏灯光背景光源（Background Light）。你也可以将它想象成一组光源，它们通常比主光源与辅光源的组合要来得暗一些。主光源、辅光源及背光源是以主题或物体为主要考量，而背景光源则与整个场景的环境有关。

区段照明：如果场景较大时，单独的一个三角形照明无法提供有效的照明，这时，需要采取一种变通的办法，将场景划分为不同的区段，每个区段再采用三点式照明法，这种照明的方法称之为区段照明。

在实际的情况中，场景的复杂程度往往要求你采取更复杂的照明设计。我们可以使用一种自由的照明方案来产生正确的气氛，比如使用强光灯来照亮关键的区域和对象，让观众对所强调的事物产生兴趣。

2.4 灯光的连接技巧

当灯光照射到物体的表面上时，我们就说灯光和物体连接了。

当然，在真实的世界中，不会存在灯光的连接问题。而在计算机中，为了达到我们所需要的效果，往往希望某一盏灯光只照亮场景中特定的几个物体，而去除掉我们不希望它照亮的部分。这时，我们就会面对灯光的连接问题。

所有的灯光都有一个缺省项，即"Illuminates by Default"（按照缺省照明），如图 2-68 所示。这个选项是指灯光是否按照缺省的状况照亮所有的物体。如果不勾选此项，则灯光不照亮任何物体，除非人工将它连接到某个物体上。

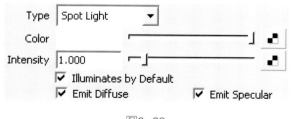

图2-68

在渲染模式下通过 Lighting/Shading 菜单可以进行灯光的连接和断开，有以下两种方法。

方法一：选择灯光和你要连接（或断开）的物体。在"Lighting/Shading"菜单下选择"Make Light Links"建立灯光和物体的连接（见图 2-69），选择"Break Light Links"断开灯光和物体的连接。

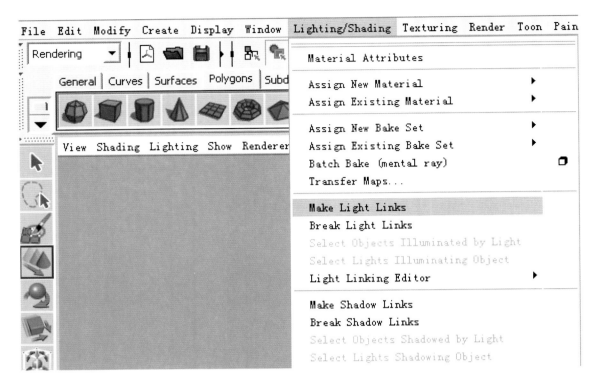

图2-69

方法二：使用"Relationship Editors"，既可以以物体为中心将灯光连接到物体上，也可以以灯光为中心的模式将物体连接到灯光上去（见图2-70）。

在"Window"菜单下选择"Relationship Editors"打开"Light Linking"。你可以选择是以灯光为中心还是以物体为中心。

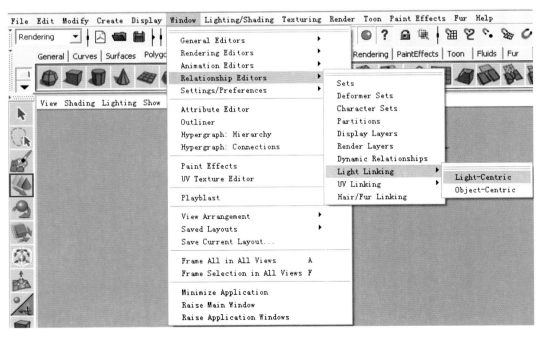

图2-70

图 2-71 所示为使用"Relationship Editor"将物体连接到灯光上的例子。

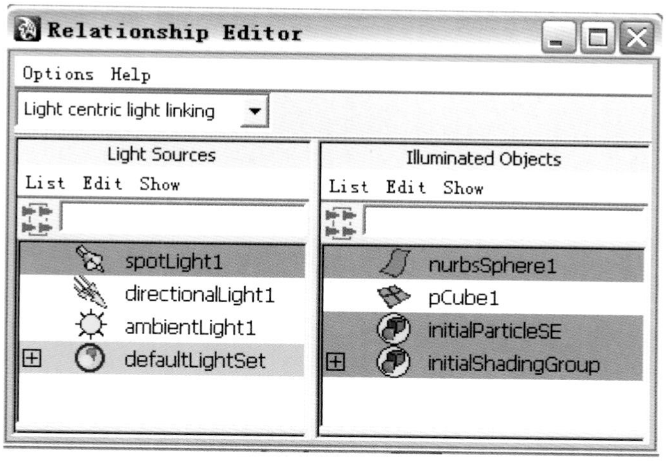

图2-71

本章小结

灯光技术是 Maya 软件中比较容易掌握的一部分。因为灯光的效果很直观，也比较容易理解。在学习完本章后，要注重"软件中的灯光"与"现实中的灯光"的不同，更要学会操纵灯光的复杂参数，来实现对真实照明情况的模拟。灯光的设置是一个技术与艺术兼备的过程。

第3章

室内场景布光实例

3.1 布光前的准备

Maya 在制作室内效果图领域也有广泛的应用。本实例制作一个室内效果，主要联系室内灯光的设置方法。注意，在设置灯光的时候，把握一条原则：只要灯光能够照亮场景即可，不要设置过多灯光。

这里有两张图，图 3-1 所示为手绘效果图，它所表现的是我们要达到的灯光效果。图中的场景是一种类似船舱内部的环境，很好地表现了船舱内部的灯管环境，室内灯管效果不似室外灯光效果那么明亮，在室内中是以点光源作为主要的灯光。在场景中，冷、暖光综合运用，光线柔和、富有变化，能够很好地模拟特定环境中的灯光效果。

图3-1

通过 Maya 的灯光设置，能够很好地模拟出手绘效果图上的环境，最终效果如图 3-2 所示。

图3-2

3.2 模型的制作与导入

第一步，打开 Maya 软件，根据手绘效果图，在软件里面通过 Polygons 模块搭建室内模型的墙壁、地面和顶面，如图 3-3 所示。

图3-3

第二步，根据手绘效果图，观察原图里面的细节，然后在建模的过程中，一步一步地把细节在模型里面表现出来，如图 3-4、图 3-5 所示。

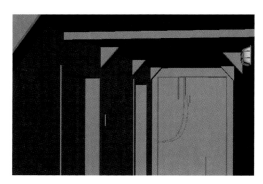 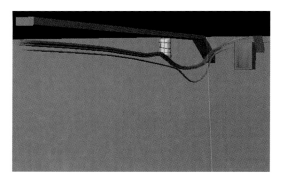

图3-4　　　　　　　　　　　　　　　　　　图3-5

第三步，综合完成的初模效果所要达到的要求如图 3-6 所示。

图3-6

3.3 灯光的架设

1. 灯光架设

选择菜单栏中的"Creat"（创建）→"Light"（灯光）→"Point Light"（点灯光）命令创建一盏点灯光，并使用"移动"工具调整其位置。

在灯光创建过程中，一共建立八盏点光源，将其安排在模型的分布点如图 3-7 至图 3-9 所示。

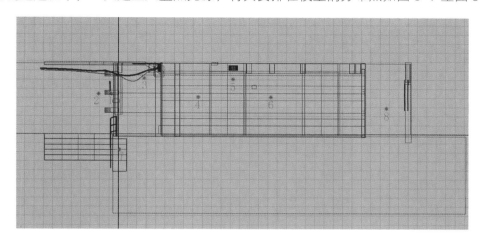

图3-7

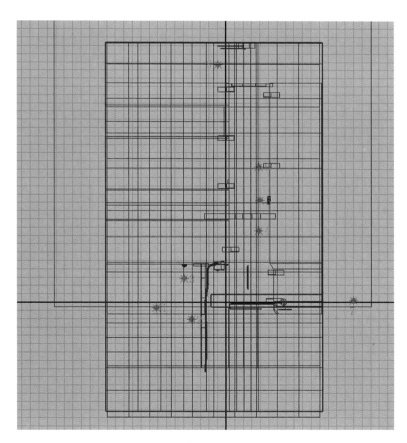

图3-8

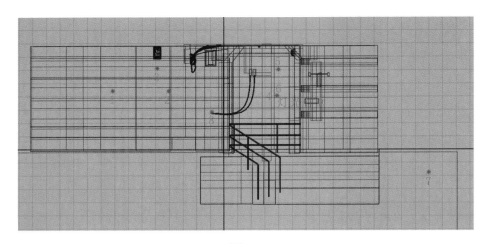

图3-9

2. 暖光架设

按照手绘效果图，把场景里面的1、2、3点光源设置成暖色调，根据位置的需要将点光源2和点光源3设置成主光源，将点光源1设置成辅光源。

选择点光源1、2、3，将这三个点光源的颜色调整为所需颜色 Color   ，然后将点光源1的"Intensity"（强度）值设置为2，点光源2的强度值设置为1.5，点光源3的强度值设置为3。

另外，将点光源2的"Raytrace Shadow Attributes"（光线追踪阴影属性）那一栏勾上。将里面的属性改成如图3-10所示。

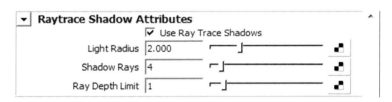

图3-10

将点光源3的"Raytrace Shadow Attributes"（光线追踪阴影属性）那一栏勾上，将里面的属性改成如图3-11所示。

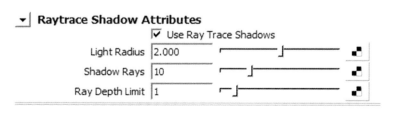

图3-11

按照手绘效果图，把场景里面的4、5、6点光源设置成冷色调。

3. 冷光架设

选择点光源 4、5、6，将这三个点光源的颜色调整为所需颜色 Color ▢▢▢，分别将点光源 4 的强度值调整为 1，点光源 5 的强度值调整为 2.7，点光源 6 的强度值调整为 1.35。

另外，将点光源 4 的"Raytrace Shadow Attributes"（光线追踪阴影属性）那一栏勾上，将里面的属性改成如图 3–12 所示。

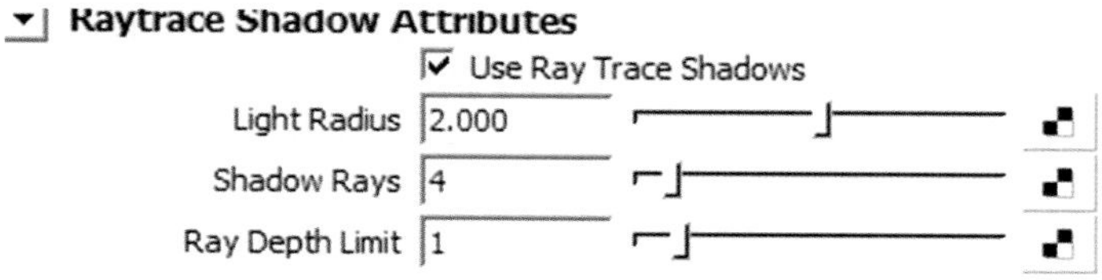

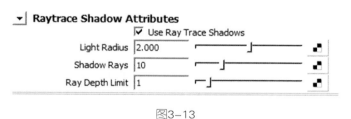

图3–12

将点光源 5 的"Raytrace Shadow Attributes"（光线追踪阴影属性）那一栏勾上，将里面的属性改成如图 3–13 所示。

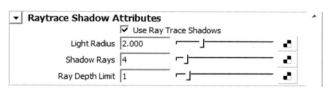

图3–13

将点光源 6 的"Raytrace Shadow Attributes"（光线追踪阴影属性）那一栏勾上，将里面的属性改成如图 3–14 所示。

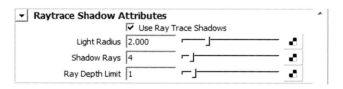

图3–14

按照手绘效果图，把场景里面的点光源 7 设置成冷色调，因为点光源 7 设置在模型的最边缘，可以模拟光线衰减之后的变化。

4. 辅助光架设

选择点光源 7，将其光源颜色调整为所需颜色 Color ▢▢▢▢，将它的强度值调为 5。

另外，将点光源 7 的"Raytrace Shadow Attributes"（光线追踪阴影属性）那一栏勾上，将里面的属性改成如图 3–15 所示。

图3–15

按照手绘效果图，把场景里面的点光源 8 设置成冷色调，因为点光源 8 设置在走廊的转角处，可以模拟因为景深而产生的光线变化。

选择点光源 8，把它的颜色调整为所需颜色 Color 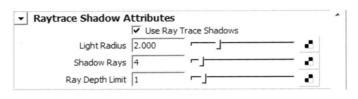，最后把强度值调整为 4.6。

将点光源 8 的 "Raytrace Shadow Attributes"（光线追踪阴影属性）那一栏勾上，将里面的属性改成如图 3-16 所示。

图3-16

在工具栏中，单击 "Render Current Frame"（渲染序列帧）按 🎬 图标进行渲染，测试点光源的效果，如图 3-17 所示。

图3-17

3.4　细节调整

根据测试点光源的效果图，可以发现效果图的右边部分比手绘原图的右边略微暗了一点，那么下一步就在模型里面给它再设置一个体积光，作为辅助光以调整画面效果，具体位置设置如图 3-18 至图 3-20 所示。

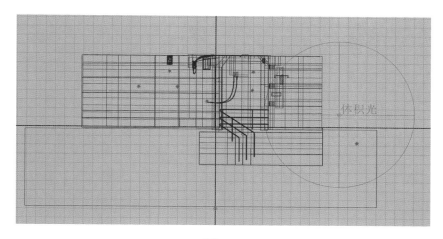

图3-18

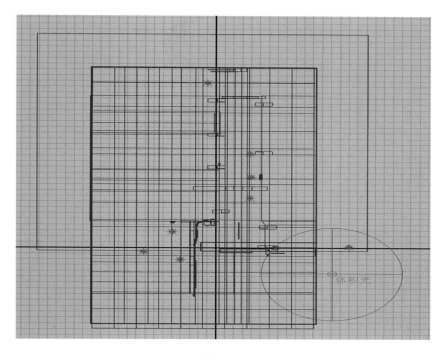

图3-19

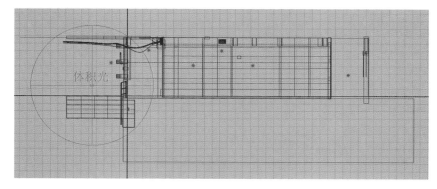

图3-20

在这个辅助的体积光设置好了之后，选择这个体积光，设置它的颜色和强度值，如图 3-21 所示。

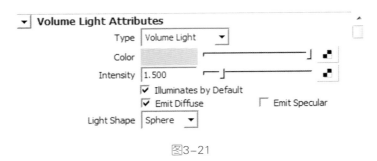

图3-21

在工具栏中，单击 "Render Current Frame"（渲染序列帧）按 🎬 图标进行渲染，渲染最终的效果如图 3-22 所示。

图3-22

本章小结

Maya 的照明系统可以很好地模拟现实中的光照环境。本章我们利用 Maya 中电光源和体积光相配合模拟了一个类似船舱的室内环境。在具体设置时，根据现实光照的情况来设计光源的位置与主次光的安排，根据环境光照的强度、色彩的变化来设置灯光的强度与色彩。通过本章的学习，可以较好地掌握 Maya 室内灯光照明的一些规律与方法。

第4章

室外场景布光实例

4.1 灯光阵列的制作

　　为了模拟室外的全局照明，常常使用球形布光法。而 GI（Global Illumination）是常用的球形光布局，不仅简单好用，而且效果不凡。

　　首先介绍 GI 的布光方法，在这里我们模拟一个暖色调的球形布光。

　　（1）在 Maya 软件里面建立一个球体，将其调整到合适大小，如图 4-1 所示。

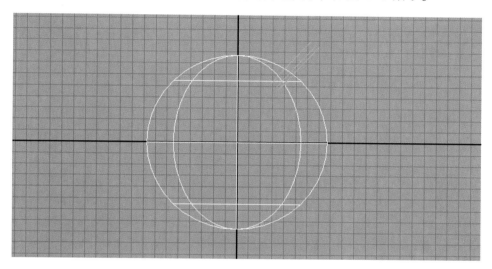

图4-1

　　这个球体的作用是模拟地球大气光线布局的形态。在视图中创建一盏方向灯作为主光源，并将其设置到模拟太阳高度照射的位置。将光源的属性值设置成如图 4-2、图 4-3 所示。

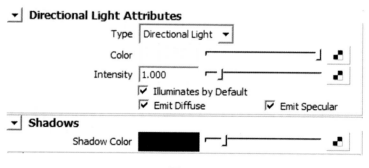

图4-2

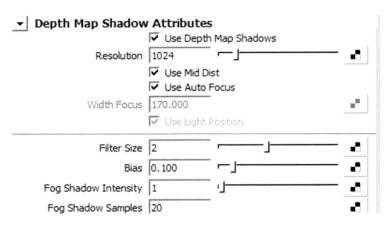

图4-3

(2)根据地球空气漫反射原理，共创建16盏方向灯，使其模拟天空光照明，然后将其分成三层，第一层4盏，第二层8盏，第三层4盏，按照球体表面进行布局，如图4-4至图4-6所示。

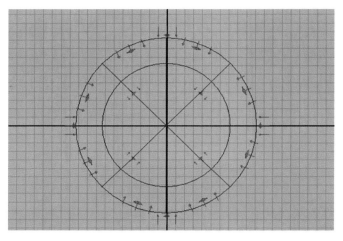

图4-4

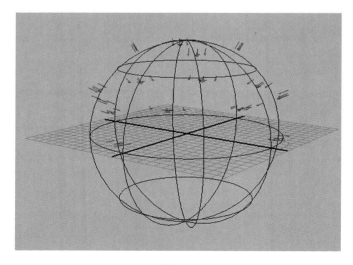

图4-5

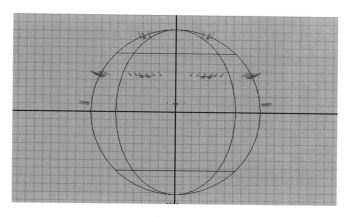

图4-6

将 16 盏灯的属性值调整为如图 4-7、图 4-8 所示。

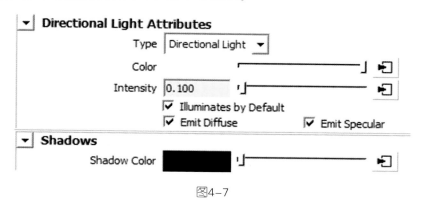

图4-7

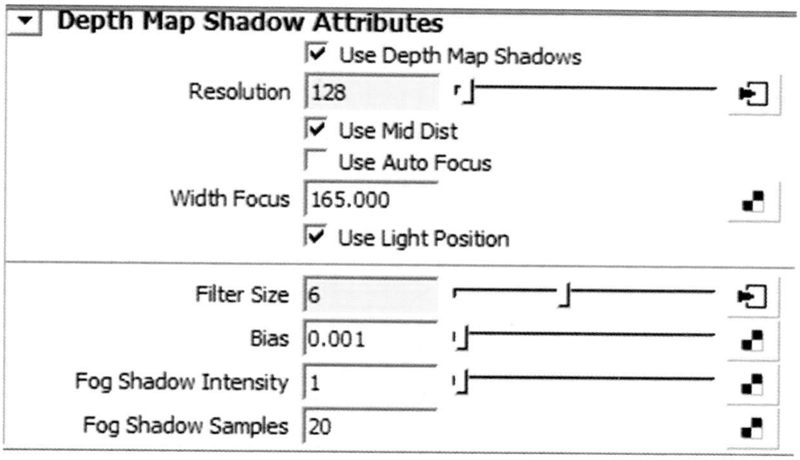

图4-8

（3）根据地球地面漫反射原理，一共创建 16 盏方向灯，使其模拟地面反射照明，然后将其分成两层，第一层 8 盏，第二层 8 盏，按照球体表面进行布局，如图 4-9 至图 4-11 所示。

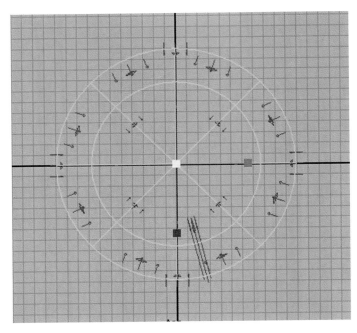

图4-9

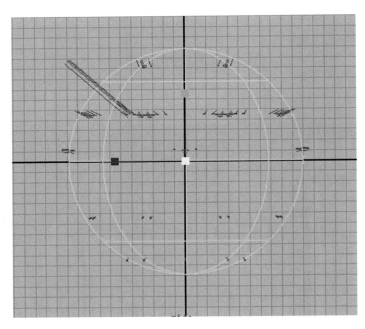

图4-10

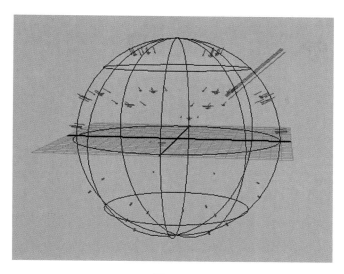

图4-11

将16盏灯的属性值调整为如图4-12、图4-13所示。

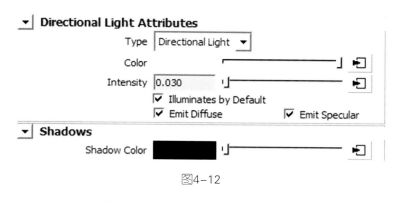

图4-12

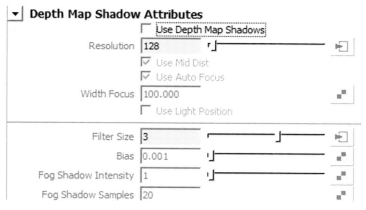

图4-13

这样，一个最终的 GI 布光就完成了。GI 球形灯阵是模拟全局光照的典范，根据不同的环境需求，可以改变灯光的强度、颜色、阴影的设置，来模拟各种光照需要。

4.2　室外场景布光实例

下面分别以正午、黄昏、薄暮三段时间的自然光来进行布光练习。

1. 正午时段的布光

正午时段的主光主要是黄色，补光是蓝色，但是因为正午是一天中阳光照射最强烈的时候，所以自然光中的很多要素都被极端化了。

首先是主光方向，太阳达到了一天中的最高点，从早晨的侧光变成了中午的顶光。一般而言，生硬的顶光效果不甚理想，很容易投下浓重的投影。如果我们不得不处理正午的灯光，应尽量把灯光倾斜一些。

（1）在 Maya 软件里面利用 Polygons 建立大概的城市立体模型，如图 4-14 所示。

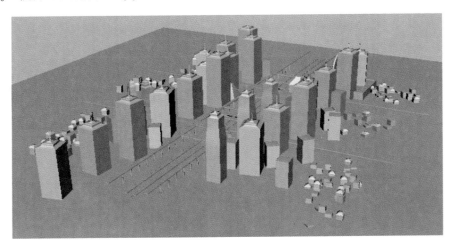

图4-14

再建立一个摄像机，然后以摄像机为第一视角，模型展现如图 4-15 所示。

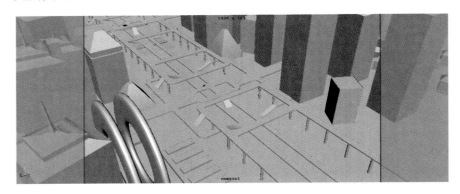

图4-15

（2）导入 GI 球形灯阵，将其位置设置成如图 4-16 至图 4-18 所示。

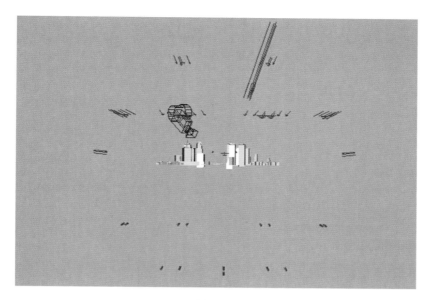

图4-16

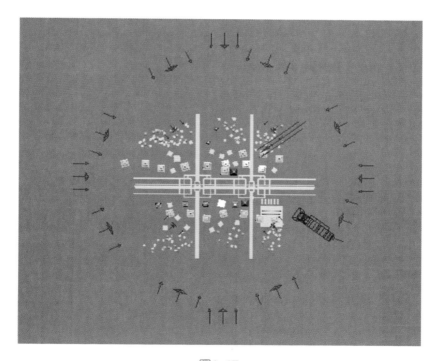

图4-17

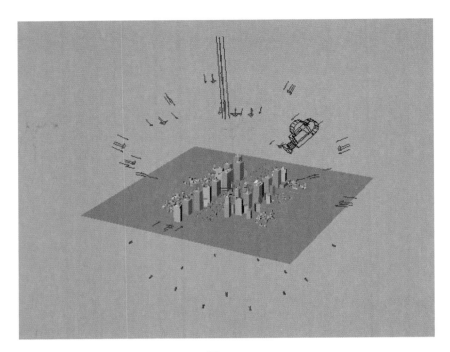

图4-18

(3) 根据正午的光照特点，设置主光的数值，如图 4-19、图 4-20 所示。

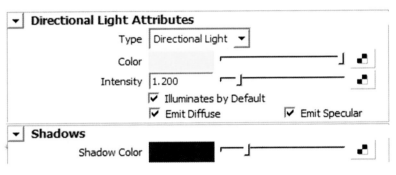

图4-19

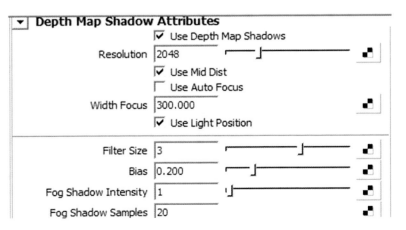

图4-20

然后，把模拟天空光照明灯的属性设置成如图 4-21、图 4-22 所示。

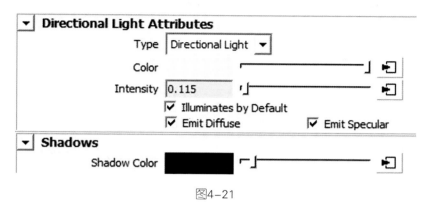

图4-21

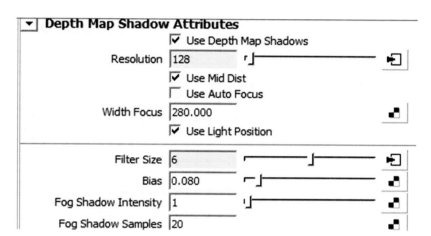

图4-22

最后，把模拟地光照明灯的属性设置成如图 4-23、图 4-24 所示。

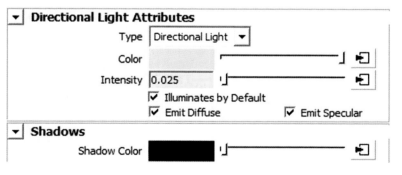

图4-23

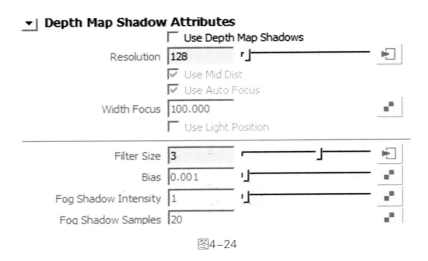

图4-24

最终效果如图 4-25 所示。

图4-25

2. 黄昏时段的布光

在太阳落下地平线而天未黑时,我们称之为黄昏,在黄昏阶段,太阳呈现出橙红色,而且越接近地平线时颜色越红。这个现象和日出时的别无二致,在接近天顶方向,阳光穿过低层大气较少,呈现出蓝散射光与低层大气散射的红光"重叠"进入人的眼睛,就会看到显示紫色的天空。

(1)把建好的城市模型和 GI 灯阵导入 Maya 里面,把主光源尽量调整到与水平面略微平行,如图 4-26、图 4-27 所示。

图4-26

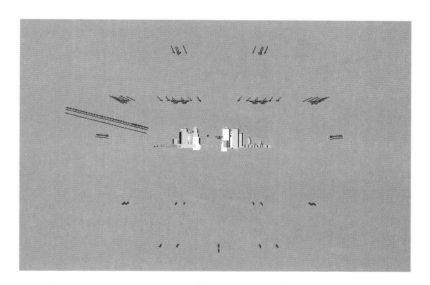

图4-27

(2) 根据黄昏的光照特点，我们将主光源的数值设置成如图 4-28、图 4-29 所示。

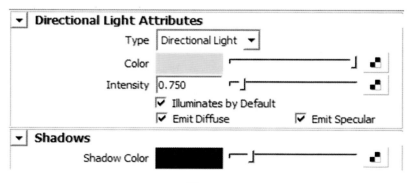

图4-28

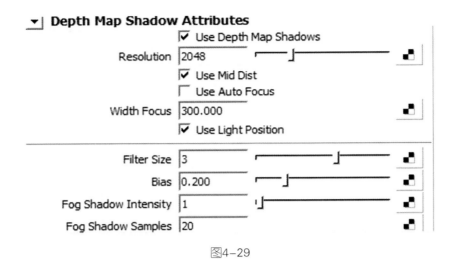

图4-29

然后，把天空光照明灯的属性调整为如图 4-30、图 4-31 所示。

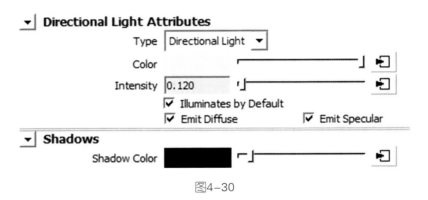

图4-30

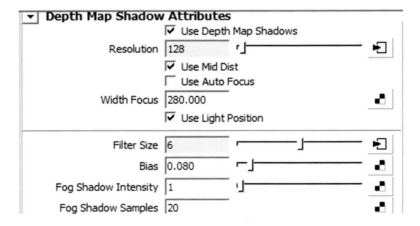

图4-31

最后，把模拟地光照明灯的属性设置成如图 4-32、图 4-33 所示。

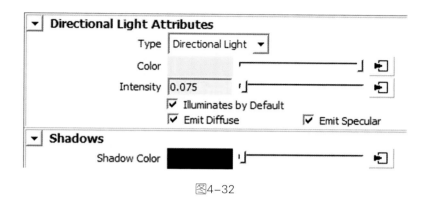

图4-32

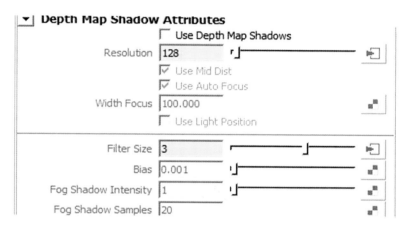

图4-33

最终效果如图 4-34 所示。

图4-34

3. 薄暮时段的布光

薄暮是黄昏的一种延续，有时也称这个时候的光线为染山霞。太阳已经落下了地平线，不存在阳光对地面的直射，但是阳光仍然能照射到西方的天空，形成红色的散射光，但由于强度小了很多，与高层大气产生的蓝散射光"混合"，便产生了十分美丽的品红色的霞光。但是,这种现象也不是绝对的，只有当空气中水分含量比较少时，才能产生染山霞。如果空气中水分含量比较多，则光线会在其中产生各种难以预测的散射，有时甚至会得到绿色的散射光。不仅如此，由于薄暮时的光线不再含有太阳的直射光，所以此时的光线在物体表面多次反射或折射后，人眼便不一定再能感觉得到。一个直观的现象是，在这个时段中，高级写字楼上的玻璃对环境仍然有较强的反射，但是树木（表面粗糙）的光感便不再那么强烈了。

（1）把建好的城市模型和 GI 灯阵导入 Maya，根据薄暮光线的原则，调整 GI 灯阵里面的主光源，与水平面平行，如图 4-35、图 4-36 所示。

图4-35

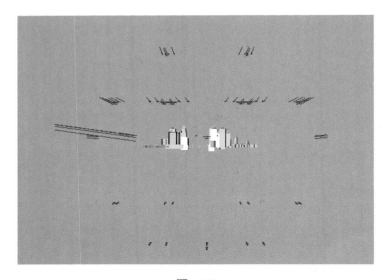

图4-36

（2）根据薄暮的光照特点，设置主光源的数值成如图 4-37、图 4-38 所示。

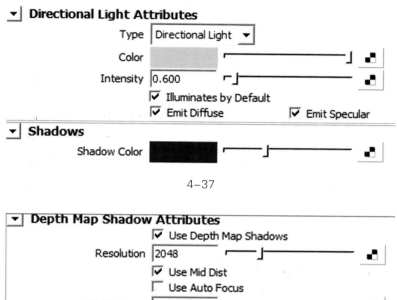

4-37

图4-38

然后，把天空光照明灯的属性调整为如图 4-39、图 4-40 所示。

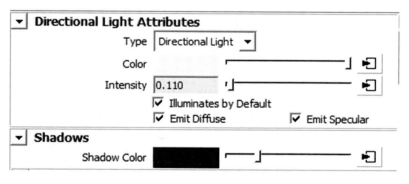

图4-39

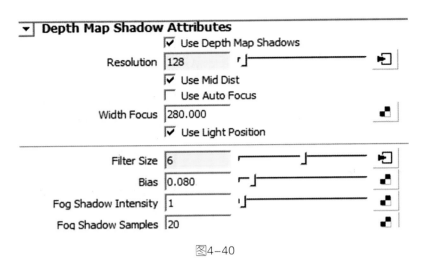

图4-40

最后，把模拟地光照明灯的属性设置成如图 4-41、图 4-42 所示。

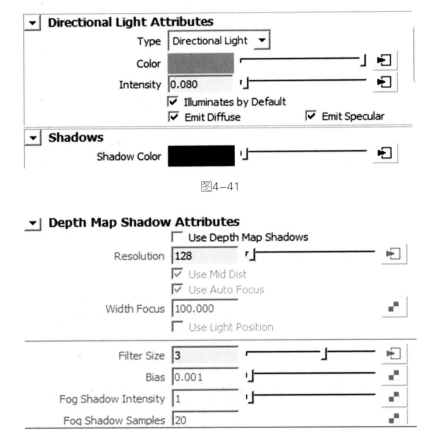

图4-41

图4-42

最终效果如图 4-43 所示。

图4-43

本章小结

　　Maya 的照明系统可以很好地模拟现实中的光照环境。在本章中讲解了 GI 全局照明灯阵的制作。在实例中讲解了利用 GI 灯阵来模拟现实中正午、黄昏、薄暮的光照效果。在具体设置时我们根据现实光照的情况来设计光源的位置与主次光的安排。根据环境光照的强度、色彩的变化来设置灯光的强度与色彩。通过本章的学习，可以较好地掌握 Maya 室外灯光照明的一些规律与方法。

5.1 材质的建立

在 Maya 软件中，不同的材质类型可以模拟出不同的物体质感，除了要对真实世界中物体本身的物理属性有所认识以外，还要学会如何去理解物体在环境中产生的物理变化。

材质的创建与修改都可以在菜单"Window"（视窗）→"Rendering editors"（渲染编辑器）中进行选择，其中"Hypershade"（材质编辑器）和"Multilister"（多种列表）命令尤其重要。

1. Anisotropic 材质

Anisotropic（各向异性）材质具有条状光泽特性，主要用于控制高光区域条状和方向，特别适合制作羽毛、绸缎或 CD 等材质，如图 5-1 所示。

2. Blinn 材质

Blinn 材质有比较好的平滑高光效果，有高质量的镜面高光效果，可以对高光的柔化程度和高光的亮度进行更细的调节，特别适合制作铜、铅、钢等材质，如图 5-2 所示。

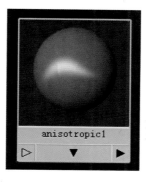

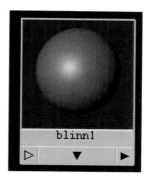

图5-1   图5-2

3. Hair Tube Shader 材质

Hair Tube Shader（毛发管状）材质有颜色渐变的调节特性，可以更好地调节颜色来影响当前材质所产生的效果，适用于模拟钢管等物体材质，如图 5-3 所示。

4. Lambert 材质

Lambert（兰伯特）材质不具有光滑的曲面效果，而且不存在镜面高光，主要用于模拟粉笔之类粗糙的材质，如图 5-4 所示。

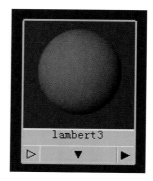

图5-3   图5-4

5. Layered Shader 材质

Layered Shade（分层）材质可以将不同的材质相互层叠在一起，适合制作材质与材质之间叠加产生的特殊效果，如图5-5所示。

6. Ocean Shader 材质

Ocean Shader（海洋）材质是一种完全模拟流体的材质。可以在这个材质内控制流体的颜色、透明度、反射、折射等参数。它适用于模拟水、油等液体，如图5-6所示。

图5-5   图5-6

7. Phong 材质

Phong 材质具有较强的高光调节区域,适用于模型表面有很强高光的物体,比如玻璃、塑料等材质,如图5-7所示。

8. Phong E 材质

Phong E 材质是简化了的 Phong 材质，它的高光比 Phong 材质的高光更加柔和，而且渲染速度比 Phong 材质要快，如图5-8所示。

图5-7

图5-8

9. Ramp Shader 材质

Ramp Shader（渐变）材质属性不同于其他材质的属性，可以控制每个高光的参数，而且其中又细分出很多颜色渐变的控制，特别适合制作卡通效果，如图 5-9 所示。

10. Shading Map 材质

Shading Map（保留阴影贴图）材质对于创造非真实效果非常实用，特别适合模拟卡通效果。

图5-9

11. Surface Shader 材质

Surface Shader（表面）材质是一种连续的节点材质，可以创建关键帧属性并连接到材质组，然后将此材料组连接到一个对象上。

12. Use Background 材质

Use Background（使用背景）材质是很好的合成材质，可以将对象的通道控制为 1 或 0，还可以为曲面阴影和倒影创建一个通道信息，此材质可以将与背景图像相同的颜色应用到替换曲面中。

5.2　材质属性

当材质创建出来以后，为了达到理想效果，必须对其属性进行调节。双击所创建的材质球可以打开属性编辑器，也可以选择材质球并使用键盘上的"Ctrl+A"组合键开启属性编辑器。

Type：控制材质的预置类型，可以将当前类型材质转换为其他的材质类型。

Common Materia Attributes(公共材质属性)：控制所有材质的公共属性。

Specular Shading（高光反色材质）：控制材质的高光反射属性，不同的材质类型存在着不同的调节参数。

Special Effects（特殊效果）：控制材质的特殊效果。

Matte Opacity（遮罩透明度）：控制材质的遮罩透明度。

Raytrace Options（光线追踪选项）：控制金属、镜子、陶瓷等光滑材质的折射效果。

Vector Renderer Control（矢量渲染控制）：控制当前材质的矢量渲染调节参数。

Node Behavior（节点行为）：控制材质节点的行为。

Hardware Shading（硬件材质）：控制是否使用计算机的硬件材质属性。

Hardware Texturing（硬件纹理）：控制是否使用计算机的硬件纹理属性。

Extra Attributes（辅助属性）：控制材质的其他辅助属性。

5.3　材质的公共属性

每种类型的材质都有相应的参数调节栏，参数调节栏内又存在着参数，材质公共属性所起的作用完全相同。

1. Common Matterial Attributes（公共关系属性）

在"Common Matterial Attributes"（公共关系属性）栏中可以对材质的基本属性进行调节，其中包括 Color（颜色）、Transparency（透明度）、Ambient Color（环境光颜色）、Incandescence（白炽）、Bump Mapping（凹凸贴图）、Diffuse（漫反射）、Translucence Depth（半透明深度）、Translucence Focus（半透明聚焦）等参数。

2. Special Effects（特殊效果）

在"Special Effects"（特殊效果）栏中可以控制当前材质是否产生辉光，其中的"Hide Source"（隐藏来源）可以控制是否试用材质的特殊效果，"Glow Intensity"（辉光强度）可以调节辉光的亮度。

3. Matte Opacity（遮罩透明度）

在"Matte Opacity"（遮罩透明度）栏中可以控制材质是否带有遮罩通道信息，其中有三种方式可以进行选择，"Black Hole"（背景可以）方式可以控制所有被此对象覆盖的蒙版通道为 0，"Solid Matte"（固态层蒙版）方式可以使所有被覆盖的蒙版通道值恒定不变，"Opacity Gain"（透明物体）方式可以显示反射和阴影效果。

4. Raytrace Options（光线追踪选项）

在 Raytrace Options（光线追踪选项）栏中可以控制材质是否对背景产生折射效果，其中有Refractions（折射）、Refractive Index（折射率）、Refraction Limit（折射限制）、Light Absorbance（灯光衰减率）、Surface Thickness（曲面厚度）、Shadow Attenuation（阴影衰减率）、Chromatic Aberration（色差）、Reflection Limit（反射限制）、Reflection Specularity（反射反光度）等参数。

5.4　材质的高光反射

在"Specular Shading"（高光反射材质）栏中不同的材质产生的调节参数也有所不同，在这里介绍几种常用的高光反射材质。

1. Anisotropic（各向异性）材质

Anisotropic（各向异性）类型材质中提供了 Angle（角度）、Spread X/Y（X/Y 轴扩散）、Roughness（粗糙度）、Fresnel Index（菲涅耳指数）、Specular Color（高光反射颜色）、Reflectivity（反射率）、Reflected Color（反射颜色）、Anisotropic Reflectivity（各向异性反射率）等参数。

2. Blinn 材质

Blinn 类型材质的高光反射材质栏中提供了 Eccentricity（离心率）、Specular Roll Off（高光反射滑移）、Specular Color（高光反射颜色）、Reflectivity（反射率）、Reflected Color（反射颜色）等参数。

3. Phong 材质

Phong 类型材质的高光反射材质栏中提供了 Cosine Power（余弦度）、Specular Color（高光反射颜色）、Reflectivity（反射率）、Reflected Color（反射颜色）等参数。

4. Phong E 材质

Phong E 类型材质的高光反射材质栏中提供了 Roughness（粗糙度）、Highlight Size（高亮大小）、Whiteness（白度）、Specular Color（高光反射颜色）、Reflectivity（反射率）、Reflected Color（反射颜色）等参数。

5.5 纹理的创建

Maya 的材质是以纹理节点与工具节点连接而形成的，其中纹理节点包括 2D Textures（2D 纹理）与 3D Textures（3D 纹理）两种方式。

为材质创建纹理后，试用鼠标中键将创建的纹理拖曳到材质球上，可以在弹出的菜单中选择属性进行连接，也可以在弹出的菜单中选择 "Other"（其他）进行连接。

5.6 2D 纹理的调节

2D Textures（2D 纹理）是模拟各种曲面材质类型的二维图案，可以是一个图像文件，也可以是一个计算机图形程序。

1. 纹理的公共属性

纹理同样存在自身的控制属性，选择纹理后双击或按下 "Ctrl+A" 组合键可以弹出其纹理的控制属性。

1）Color Balance（颜色平衡）栏

Color Balance（颜色平衡）栏可以对当前纹理的颜色与亮度进行修正，可以控制 Default Color（默认颜色）、Color Gain（颜色增强）、Color Offset（颜色偏移）、Alpha Gain（Alpha 增益）、Alpha Offset（Alpha 偏移）、Alpha Is luminance（Alpha 作为亮度）等参数。

2）Effects（特效）栏

Effects（特效）栏中可以对所选择的纹理进行特效调节，其中可以控制 Filter（过滤器）、Filter Offset（过滤器偏移）、Invert（反转）、Wrap/Local（平铺 / 局部）、Blend（混合）、Color Remap（颜色重贴图）等参数。

2. Bulge（凸出）

Bulge（凸出）纹理是以黑条白格的方式进行贴图，其中有 U Width（U 向宽度）和 V Width（V 向宽度）两个方向的控制。

3. Checker（棋盘格）

Checker（棋盘格）纹理是以国际象棋棋盘的黑白方格进行贴图，其中有 Color1（颜色 1）、Color2（颜色2）和Contrast（对比度）等参数。

4. Cloth（布料）

Cloth（布料）纹理是模拟布料的效果产生纹理贴图，其中有Gap Color（间隔颜色）、U/V Color（U/V向颜色）、U/V Width（U/V向宽度）、U/V Wave（U/V向波纹）、Randomness（随机性）、Width Spread（宽度扩张）、Bright Spread（亮度扩张）等参数。

5. File（文件）

File（文件）纹理是将计算机中的贴图导入其中，其中有Filter Type（过滤器类型）、Pre Filter（预过滤）、Per Filter Radius（预过滤半径）、Image Name（图像名称）、Use BOT（使用BOT）、Disable File Load（禁用文件加载）、Use Image Sequence（试用图像序列）、Image Number（图像号码）、Frame Offset（框架偏移）等参数。

6. Fluid Texture2D（2D流动纹理）

Fluid Texture2D（2D流动纹理）是以二维的流动效果进行贴图，其中有Container Properties（容器特征）、Contents Method（内容方式）、Display（显示）、Dynamic Simulation（动力模拟）、Comtents Details（内容资料）、Grids Cache（栅格缓存）、Shading（阴影）、Shading Quality（阴影质量）、Textures（纹理）等参数。

7. Fractal（碎片）

Fractal（碎片）纹理是以碎片的方式进行贴图，其中有Amplitude（振幅）、Threshold（阈值）、Ratio（比率）、Frequency Ratio（频率比率）、Level Min/Max（最小/最大级别）、Bias（偏差）、Inflection（变形）、Animated（动画）、Time（时间）、Time Ratio（时间比率）等参数。

8. Grid（网格）

Grid（网格）纹理以网格的形状进行贴图，其中有Line Color（线颜色）、Filler Color（补白颜色）、U/V Width（U/V向宽度）、Contrast（对比度）等参数。

9. Mountain（山脉）

Mountain（山脉）纹理是以模拟山脉的效果进行贴图，其中有Snow Color（雪颜色）、Rock Color（岩石颜色）、Amplitude（振幅）、Snow Roughness（雪粗糙度）、Rock Roughness（岩石粗糙度）、Boundary（边界）、Snow Altitude（雪高度）、Snow Dropoff（雪衰减）、Snow Slope（雪斜度）、Depth Max（最大深度）等参数。

10. Movie（电影）

Movie（电影）纹理是将视频影片导入形成纹理贴图，其中有Filter Type（过滤器类型）、Pre Filter（预过滤）、Per Filter Radius（预过滤半径）、Image Name（图像名称）、Use BOT（使用BOT）、Disable File Load（禁用文件加载）、Use Image Sequence（使用图像序列）、Image Number（图像号码）、Frame Offset（框架偏移）等参数。

11. Noise（噪波）

Noise（噪波）纹理是将噪波纹理效果以二维方式进行贴图，其中有Threshold（阈值）、Amplitude（振幅）、Ratio（比率）、Frequency Ratio（频率比率）、Depth Max（最大深度）、Inflection（变形）、Time（时间）、Frequency（频率）、Implode（爆炸）、Implode Center（内向爆炸中心）、Noise Type（噪波类型）、Density（密度）、Spottyness（斑点度）、Size Rand（随机大小）、Randomness（随机性）、Falloff（衰减）、Num Waves（波浪数量）等参数。

12. Ocean（海洋）

Ocean（海洋）纹理是将海洋纹理以二维方式进行贴图，其中有 Ocean Attributes（海洋属性）、Wave Turbulence（波浪骚乱）、Wave Peaking（波浪高峰）等参数。

13. PSD File（PSD 文件）

PSD File（PSD 文件）纹理是将计算机中的 PSD 图片导入形成纹理，其中有 Filter Type（过滤器类型）、Pre Filter（预过滤器）、Per Filter Radius（预过滤器半径）、Image Name（图像名称）、Link To Layer Set（链接到层组）、Alpha to Use（Alpha 使用）、Use BOT（使用 BOT）、Disable File Load（禁用文件加载）、Use Image Sequence（使用图像序列）、Image Number（图像号码）、Frame Offset（框架偏移）等参数。

14. Ramp（渐变）

Ramp（渐变）纹理是以颜色渐变的方式进行纹理贴图，其中有 Type（类型）、Interpolation（差值）、Selected Color（选定颜色）、Selected Position（选定位置）、U/V Wave（U/V 向波纹）、Noise（噪波）、Noise Freq（噪波频率）、Hue/Sai/Val/ Noise（色调/饱和度/纯度噪波频率）等参数。

15. Water（水）

Water（水）纹理是试用水波纹理来进行贴图，其中有 Number Of Wavers（波浪数量）、Wave Time（波浪时间）、Wave Velocity（波浪速度）、Wave Amplitude（波浪振幅）、Fast（快速）、Wave Frequency（波浪频率）、Sub Wave Frequency（次波频率）、Smoothness（平滑度）、Wind UV（风 UV）、Ripple Time（波纹时间）、Ripple Frequency（波纹频率）、Ripple Amplitude（波纹振幅）、Drop Size（水滴大小）、Ripple Origin（波纹原点）、Group Velocity（组速度）、Phase Velocity（相位速度）、Spread Strat（展开开始）、Spread Rate（展开速度）、Reflection Box（反射框）、Box Min/Max（最小/最大框）等参数。

5.7　3D纹理

3D Textures(3D 纹理）是在 2D Textures(2D 纹理）的基础上增加了高度属性，可以模拟出立体的三维效果。

1. Brownian（布朗）

Brownian(布朗）纹理可以模拟涂有很厚油漆的金属材质，其中有 Lacunarity（空隙值）、Increment（增量）、Octaves（八元数）、Weight3D(权重 3D) 等参数。

2. Cloud（云）

Cloud（云）纹理可以模拟天空上的云彩，其中有 Color1/2（颜色 1/2）、Contrast(对比度）、Amplitude(振幅）、Depth（深度）、Ripples（波动）、Soft Edges（边缘柔化）、Edges/Center Thresh（边缘/中心阈值）、Transp Range（透明度范围）、Ratio（比率）等参数。

3. Crater（弹坑）

Crater（弹坑）纹理是通过混合法线和3D扰动来创建高原和弹坑效果的,其中有Shaker（振荡器）、Channer1/2/3（通道1/2/3）、Melt（软化）、Balance（平衡）、Frequency（频率）、Norm Depth（法线深度）、Norm Melt（法线软化）、Norm Balance（法线均匀）、Norm Frequency（法线频率）等参数。

4. Fluid Texture 3D（三维流动纹理）

Fluid Texture 3D（三维流动纹理）可以模拟出液体流动的效果,其中有Container Display（容器特性）、Contents Method（内容方式）、Display（显示）、Dynamic Simulation（动力模拟学）、Contents Details（内容资料）、Grids Cache（删格缓存）、Shading（阴影）、Shading Quality（阴影质量）、Textures（纹理）等参数。

5. Granite（花岗岩）

Granite（花岗岩）纹理可以模拟花岗岩的效果,其中有Color1/2/3（颜色1/2/3）、Filler Color（补白颜色）、Cell Size（细胞大小）、Density（密度）、Mix Ratio（混合比率）、Spottyness（斑点度）、Randomness（随机性）、Threshold（阈值）、Creases（褶皱）等参数。

6. Marble（大理石）

Marble（大理石）纹理可以模拟大理石效果,其中有Filler Color（补白颜色）、Vein Color（脉络颜色）、Vein Width（脉络宽度）、Diffusion（扩散）、Contrast（对比度）、Amplitude（振幅）、Ratio（比率）、Ripples（波纹）、Depth（深度）等参数。

7. Rock（岩石）

Rock（岩石）纹理是在3D空间内随机分布着两种不同的颗粒材质,其中有Color1/2（颜色1/2）、Grain Size（颗粒大小）、Mix Ratio（扩散）、Ratio（混合比率）等参数。

8. Snow（雪）

Snow（雪）纹理可以根据物体的凹凸来模拟雪的效果,其中有Snow Color（雪颜色）、Surface Color（曲面颜色）、Threshold（阈值）、Depth Decay（深度衰减）、Thickness（厚度）等参数。

9. Solid Fractal（立体碎片）

Solid Fractal（立体碎片）纹理可以使用碎片来模拟粗糙的效果,其中有Threshold（阈值）、Amplitude（振幅）、Ratio（比率）、Frequency Ratio（频率比率）、Ripples（波纹）、Depth（深度）、Bias（偏移）、Inflection（变形）、Animated（动画）、Time（时间）、Time Ration（时间比率）等参数。

10. Stucco（污迹）

Stucco（污迹）纹理可以模拟污迹效果,其中有Shaker（振荡器）、Channel 1/2（通道1/2）、Normal Depth（法线深度）、Normal Melt（法线软化）等参数。

11. Volume Noise（体积噪波）

Volume Noise（体积噪波）纹理可以模拟三维立体的噪波效果,其中有Threshold（阈值）、Amplitude（振幅）、Ratio（比率）、Frequency Ratio（频率比率）、Depth Max（最大深度）、Inflection（变形）、Time（时间）、Frequency（频率）、Scale（缩放）、Origin（原点）、Impode（爆炸）、Impode

Center（内向爆炸中心）、Noise Type（噪波类型）、Density（密度）、Spottyness（斑点度）、Size Rand（大小随机值）、Randomness（随机性）、Falloff（衰减）、Num Waves（波纹数量）等参数。

12. Wood（木纹）

Wood（木纹）纹理可以通过投影2D纹理来模拟木纹效果，其中有Filler Color(补白颜色)、Vein Color(脉络颜色)、Vein Width(脉络宽度)、Layer Size（层大小）、Randomness（随机性）、Age（年龄）、Grain Color（颗粒颜色）、Grain Contrast（颗粒对比度）、Grain Spacing（颗粒间隙）、Center（中心）、Amplitude X/Y（X/Y轴振幅）、Ratio（比率）、Ripples（波动）、Depth（深度）等参数。

5.8 小试牛刀——材质的综合应用实例

下面以西瓜的模型作为例子，来展示材质与灯光的运用。

执行"File"→"Open Scene"命令，在弹出的对话框中打开西瓜模型，如图5-10所示。

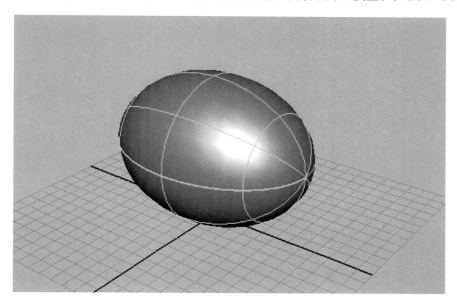

图5-10

在材质面板双击材质球，在弹出的材质属性面板中单击色彩通道导入西瓜贴图，如图5-11所示。

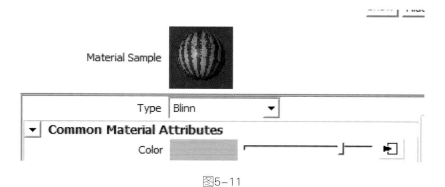

图5-11

导入后的效果如图 5-12 所示。

图5-12

执行 "Create" → "Lights" → "Directional Light" 命令，创建平行光作为场景的主光源，同时在场景中创建多个平行光，调节各个灯光的位置，使场景中的光照效果更加真实，如图 5-13 所示。

图5-13

在灯光属性面板中设置光线强弱（见图 5-14），将主光源 "Intensity" 设置为 1.000，辅助光 "Intensity" 设置为 0.300。

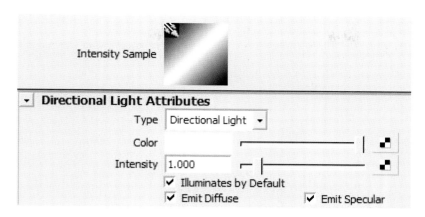

图5-14

在材质属性面板的凹凸通道中，给西瓜添加凹凸贴图，增加立体感，如图 5-15 所示。

图5-15

在凹凸属性面板中调节 "Grain Size" 数值为 0.013，"Diffusion" 数值为 1.000，"Mix Ratio" 数值为 0.500，如图 5-16 所示。

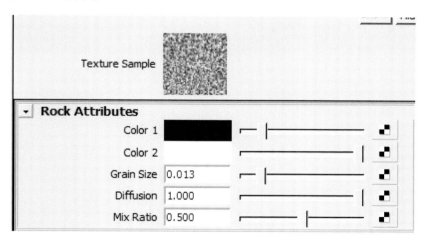

图5-16

在工具栏中单击 渲染设置按钮，在光线追踪品质栏中勾选 "Raytracing"（光线追踪）选项，加强渲染的质量和效果，如图 5-17 所示。

图5-17

在工具栏中单击  渲染按钮，渲染效果如图5-18所示。

图5-18

6.1 制作前的准备

执行 "File" → "Open Scene" 命令，在弹出的对话框中打开模型，如图 6-1 所示。

图6-1

6.2 灯光架设

执行 "Create" → "Lights" → "Spot Light" 命令,创建聚光灯作为场景的主光源,如图 6-2 所示。

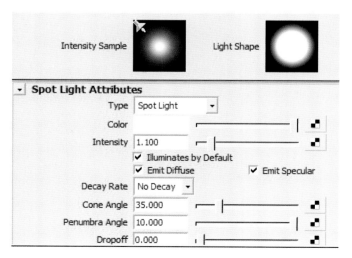

图6-2

在灯光属性面板中调节"Intensity"数值为1.100，"Cone Angle"数值为35.000，"Penumbra Angle"数值为10.000，效果如图6-3所示。

图6-3

在场景中创建多个聚光灯，调节各个辅助灯光的位置，使场景中的光照效果更加真实，如图6-4所示。

图6-4

在灯光属性面板中调节辅助光属性，调节"Intensity"数值为0.150，"Cone Angle"数值为40.000，"Penumbra Angle"数值为10.000，如图6-5所示。

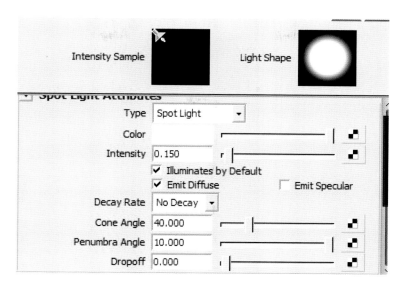

图6-5

执行"Create"→"Lights"→"Volume Light"命令,创建体积光为杯子添加反射光,使其更加真实,如图 6-6 所示。

图6-6

在体积灯光属性面板中调节 "Intensity" 数值为 2.000,如图 6-7 所示。

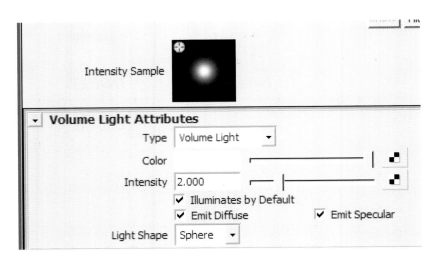

图6-7

创建多个体积光，让杯子的反射光更加真实，如图 6-8 所示。

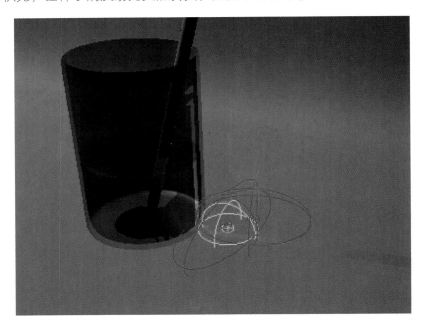

图6-8

在工具栏中单击 渲染设置按钮，在渲染品质选项中，选择"Highest quality"并在光线追踪品质栏中勾选"Raytracing"（光线追踪）选项，加强渲染的质量和效果，如图 6-9 和图 6-10 所示。

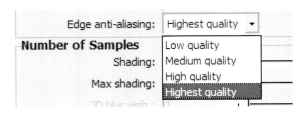

图6-9

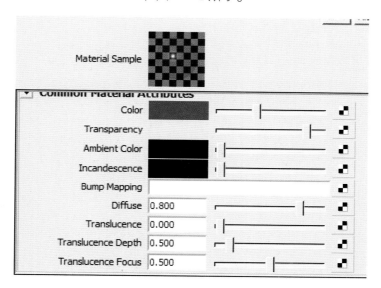

图6-10

6.3 材质调节

在杯子的材质属性面板中调节 "Diffuse" 数值为 0.800，"Translucence Depth" 数值为 0.500，"Translucence Focus" 数值为 0.500，"Eccentricity" 数值为 0.116，"Specular Roll Off" 数值为 1.000，"Reflectivity" 数值为 0.500，如图 6-11 和图 6-12 所示。

图6-11

图6-12

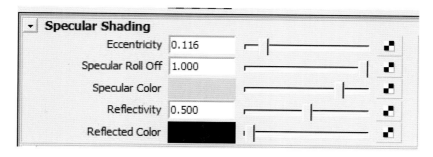

将杯子调节为透明状态，调节水参照杯子材质属性，效果如图 6-13 所示。

图6-13

在工具栏中单击 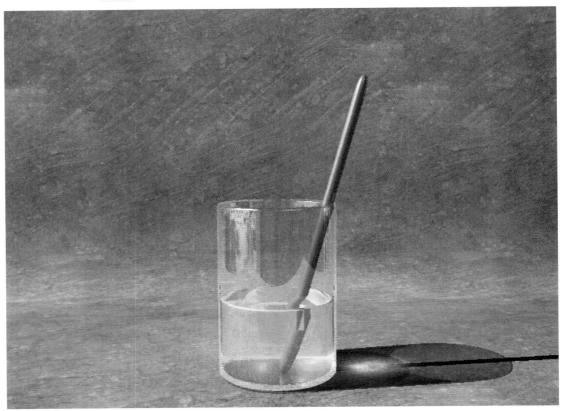 渲染按钮，渲染效果如图 6-14 所示。

图6-14

第7章
Polygons模型UV

UV 又称"贴图坐标"，UV 划分的好坏将直接影响材质的制作，如果想得到比较好的材质效果，那么物体上的 UV 划分必须正确，否则，即使贴图绘制得再完美也难以在模型上很好地表现出来。

7.1 Polygons模型UV的编辑

在贴图制作之前，要对 Polygons(多边形) 模型进行 UV 编辑。Maya 对 Polygons 模型 UV 的编辑非常方便，提供了多种 UV 编辑模式，如图 7-1 所示。

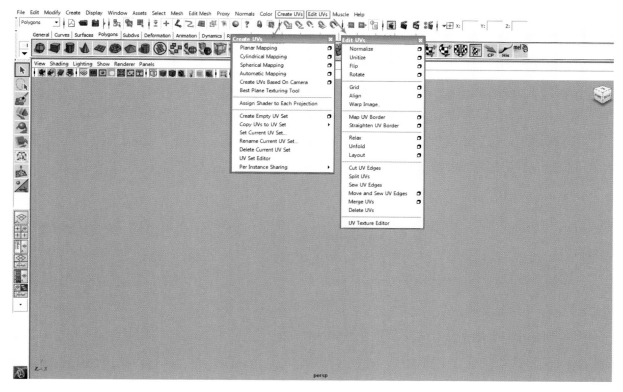

图7-1

UV 编辑非常重要，要在 Polygons 模型上得到非常好的 UV 映射，就必须对 Polygons 模型的 UV 进行多次调节。无论是文件纹理还是程序纹理，都由 UV 坐标决定，UV 分布的好坏，会直接影响最后贴图的效果。如图 7-2 所示，左边平面上的 UV 划分非常整齐，贴图在平面上的分布就显得非常好；而右边平面上的 UV 划分很差，所以贴图赋予平面后，图像出现拉伸、扭曲的现象。

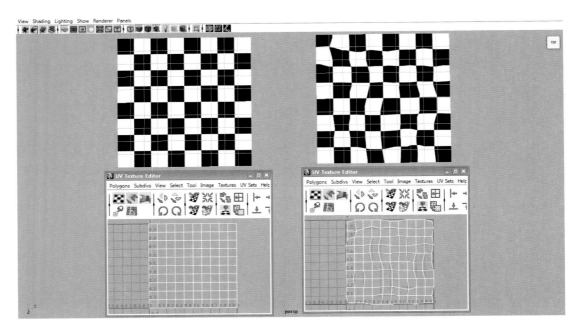

图7-2

UV 划分的质量会直接影响材质纹理在模型上的效果,因为材质在物体表面的基础就是 UV。通常,在绘制贴图之前要对模型的 UV 进行细致划分。UV 划分需要掌握一些技巧,这样才能把模型的 UV 划分好。下面来讲解 UV 测试纹理的应用。

1. UV 检测纹理的应用

在进行 UV 编辑前,要先检查 "Create UVs" → "Assign Shader to Each Projection" 选项是否关闭,如图 7-3 所示。

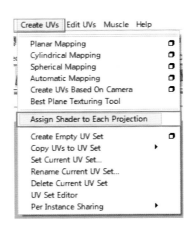

图7-3

为什么要这样做呢? 如果不关闭此选项,当使用下面介绍的任何一种方法来创建贴图坐标时,Maya 都会自动产生一个带有 "Default Polygon Texture" 程序的 "Check" 纹理的 "Default Polygon Shader" 阴影的 "Lambert" 材质代替模型原有的材质,如图 7-4 所示。

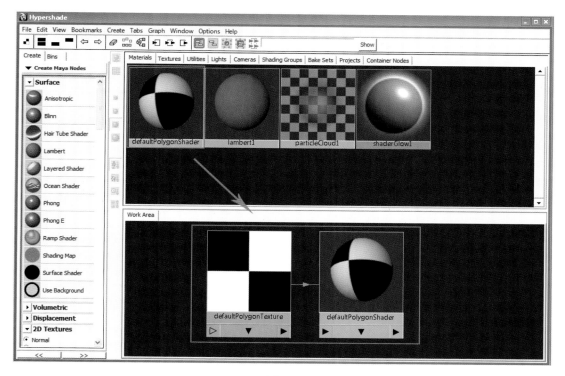

图7-4

之所以不用 Maya 自身的程序纹理"Checker",是因为材质的"Hardware Texturing"属性默认为"Color"和"Default",如图 7-5 所示。可以选择名为"default Polygon Shader"的材质球观察一下。

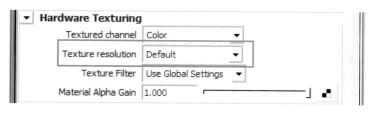

图7-5

一般而言,文件纹理最好的硬件显示方式的设置为"Default",而程序纹理最好的硬件显示方式的设置为"Highest"。当使用"Checker"纹理赋予模型,并测试模型 UV 分布后的贴图时,如果设置为"Default",则 UV 调整时刷屏会很快,但纹理的显示很模糊,不便于在视图中观察,即不能得到很好的结果。如果将硬件显示设置为"Highest",则调节 UV 点时纹理会根据 UV 坐标的分布固化在 0~1 的 UV 空间,造成在视窗中的显示不正确,如图 7-6 所示。

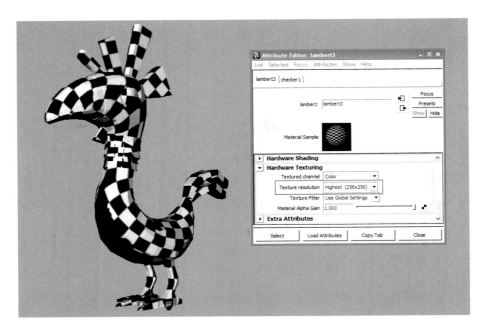

图7-6

如果将一个经测试的文件纹理赋予模型，这样就不会出现任何问题了，UV调整起来也会很方便。

文件测试纹理的颜色和图案多种多样，可以按照个人的喜好来设置。用文件测试纹理来对模型UV的调整进行观察是很有必要的。如果在调整UV的时候文件纹理在模型上有很大的拉伸，那么必须将拉伸调整到最小为止。如果文件测试纹理的拉伸过大，那么在画好贴图并赋予模型之后就会发现贴图有明显的拉伸，如图7-7所示。

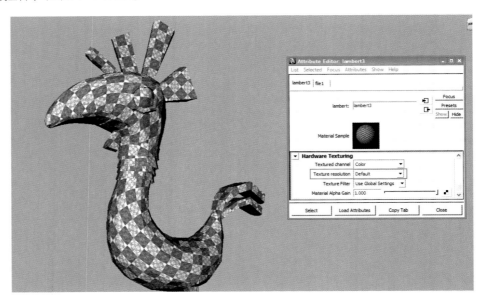

图7-7

2. UV编辑的注意事项

(1) 在最小的UV拉伸的情况下应尽可能地保证UV块的完整性。因为在UV分布的时候，拉伸现象是不可避免的，所以只能尽量减小这些拉伸。有些地方产生的拉伸经过手动调整依然达不到要求，那么就必须用切割来消除拉伸。但是在绘制贴图时由切割产生的接缝要仔细处理，否则贴到模型上时，会出现很大的问题。要注意的是，切割的 UV 块不宜过多，否则在绘制贴图时会加大工作量，如图 7-8 所示。

图7-8

（2）UV 的边在切开的时候会产生纹理的接缝，如头部、手臂、腿部等部位。所以要注意考虑 UV 切割的位置：在镜头中不容易注意或不大察觉的地方，如头的后部，手臂朝向身体的一侧，腿的内侧等；模型结构突然变化的部位，这样接缝在处理的过程中，即使有一些小的问题也不容易引起注意，如图 7-9 所示。

图7-9

（3）在给一个模型贴同一张测试纹理图的时候，各个 UV 面之间的大小、比例要接近，否则会出现如图 7-10 所示的现象。

图7-10

(4) 保证 UVs 在 0~1 的纹理坐标空间内，这是因为 Maya 在这个空间内会自动适配纹理。如果 UVs 超出这个范围，则纹理会在相应的顶点上重复产生。除非在特殊情况下想让纹理重复，否则必须让其处于 0~1 的范围内，如图 7-11 所示。

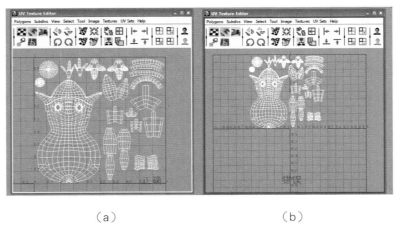

（a）　　　　　　　　　　　　　（b）

图7-11

(5) 尽量使 UVs 利用 0~1 的空间，使各个 UVs 之间尽可能紧凑些，这样在画贴图时会更加方便，如图 7-12 所示。

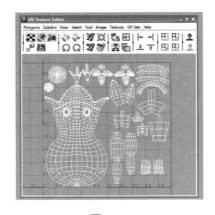

图7-12

3. 多边形的 UV 映射

（1）平面映射。在映射之前关闭 "Create UVs" → "Assign Shader to Each Projection" 选项。选择模型，执行 "Create UVs" → "Planar Mapping" 命令，效果如图 7-13 所示。

图7-13

（2）圆柱形映射和球形映射。执行 "Create UVs" → "Cylindrical Mapping" 或者 "Spherical Mapping" 命令。这两种映射方式多用于头部的 UV 制作和相关形状的多边形模型上，如图 7-14 所示。

（a）圆柱映射　　　　　　　　　　　　　（b）球形映射

图7-14

（3）自动映射。执行 "Create UVs" → "Automatic Mapping" 命令。该映射模式通过在模型上同

时映射多个面来寻找每个 UV 面的最佳位置。如果想得到比较完整的 UV 面，也可以将其进行缝合。选择 "Window" → "UV Texture Editor" 命令进行 UV 的查看和调整，如图 7-15 所示。

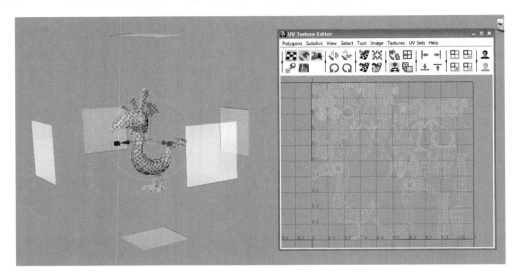

图7-15

4. UV Texture Editor 中的编辑面板

在 Maya 中编辑 UV 主要是使用 "UV Texture Editor" 窗口，它专用于 UV 的排列与编辑，是 UV 编辑的主要工具。UV Texture Editor 可以在菜单 "Window" → "UV Texture Editor" 中打开，如图 7-16 所示。

UV Texture Editor 有自己的窗口菜单与工具条，工具条实现的功能基本上能在菜单中找到。作为一个视图窗口，它与其他三维视图窗口的视图操作方法也完全相同。

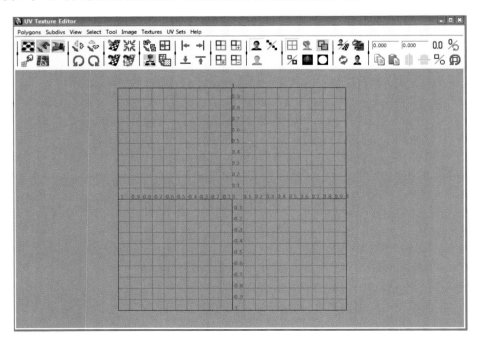

图7-16

以下是 UV Texture Editor 中常用的工具图标及作用。

（1）调整 UVs 等命令：用来调整与修改模型的 UV 分布，如图 7-17 所示。

（2）反转与旋转 UVs：用来对 UV 片进行旋转与反转的工具，如图 7-18 所示。

图7-17　　　　　　　　　　　图7-18

（3）移动并缝合 UVs 等命令：这些命令在 Polygons 菜单中都能找到，如图 7-19 所示。

（4）展开与调整 UVs 命令，如图 7-20 所示。

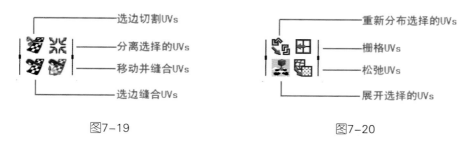

图7-19　　　　　　　　　　　图7-20

（5）对齐与松弛 UVs 命令，如图 7-21 所示。

（6）隔离模式：显示所选择的 UVs，将不需要显示的 UVs 隔离。这样在编辑很多 UVs 时有助于调整，如图 7-22 所示。

图7-21　　　　　　　　　　　图7-22

（7）纹理、网格及图像的显示等：显示纹理贴图时常用的命令，显示物体的纹理边界在划分 UV 时也常常用到。大多数情况下，显示网格图标都要打开，以便观察，如图 7-23 所示。

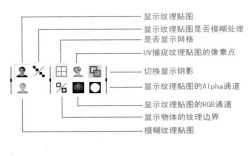

图7-23

7.2 高效UV制作方案

如何展开模型的UV坐标,我们可以有很多选择。Maya软件和3ds Max软件都有不错的UV编辑工具,不过使用它们制作UV比较复杂,往往需要制作者有丰富的经验,同时会花费很多时间和精力。

下面介绍一款高效的模型UV展开软件——Unfold 3D。

1. Unfold 3D 软件介绍

Unfold 3D软件是一款展开UV的专业软件,它只有自动展开UV的功能,没有像Maya或者3ds Max那样的平面映射、圆柱形映射等功能,这使得它更加简单、易学、易用。Unfold 3D使得原本需要数小时才能完成的角色UV展开工作在数分钟内即可准确完成,是UV展开的法宝。

2. Unfold 3D 软件的界面

Unfold 3D软件的工具很少,所以界面也显得非常简洁,如图7-24所示。

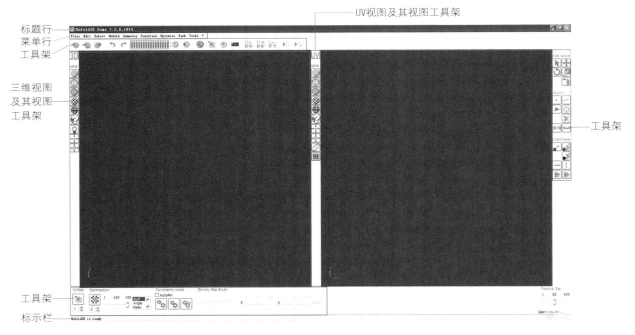

图7-24

(1)标题行显示了软件的名称和版本号。

(2) 菜单行放置了 Unfold 3D 软件的所有工具。

(3) 工具架中以按钮的形式放置在了 Unfold 3D 软件菜单中的常用命令。

(4) 三维视图及其视图工具架主要用来显示和观察模型，以及对模型进行选择等操作。

(5) UV 视图及其视图工具架可以在 2D 和 3D 视图之间进行切换，主要用于 UV 状况的观察和一些选择操作。

(6) 标示栏用来提示所选择的工具的名称及含义。

3. Unfold 3D 软件的工作流程

使用 Unfold 3D 软件展开一个模型 UV 的工作流程如下：

(1) 在 Unfold 3D 软件中打开一个 obj 模型；

(2) 选择一些作为切口的边，并将其切开；

(3) 单击"自动展开"按钮展开 UV；

(4) 保存模型，完成 UV 展开工作。

在这个过程中，制作者只要选好作为切口的边将模型切开即可，展开工作是软件本身智能完成的。这个过程可简明表示为图 7-25 所示模块。

图7-25

4. Unfold 3D 软件的菜单命令

1）File 菜单

File 菜单及命令如图 7-26 所示。

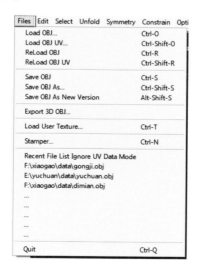

图7-26

(1) Load OBJ...：读取／载入模型。

(2) Load OBJ UV...：读取／载入模型 UV。

（3）ReLoad OBJ：重新读取 / 载入模型。

（4）ReLoad OBJ UV：重新读取 / 载入模型 UV。

（5）Save OBJ：保存模型。

（6）Save OBJ As...：另存模型。

（7）Save OBJ As New Version：另存新版本的模型。

（8）Export 3D OBJ...：导出 3D 模型。

（9）Load User Texture...：读取 / 载入使用的贴图。

（10）Stamper...：输出设置。

2）Edit 菜单

Edit 菜单及命令如图 7-27 所示。

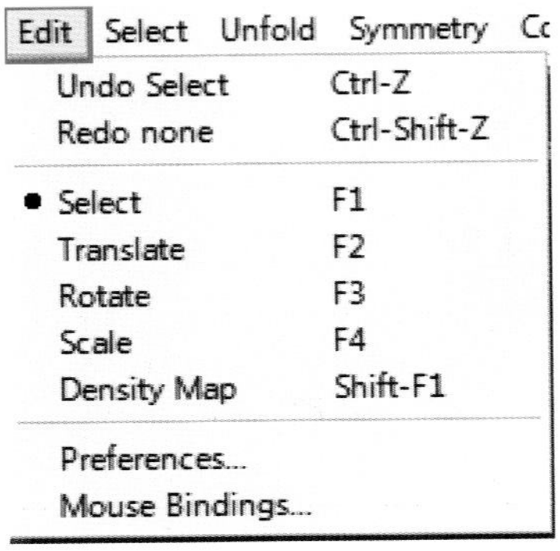

图7-27

（1）Undo Select：撤销操作。

（2）Redo none：重做操作。

（3）Select：选择。

（4）Translate：移动。

（5）Rotate：旋转。

（6）Scale：缩放。

（7）Density Map：密度图。

（8）Preferences...：属性。

（9）Mouse Bindings...：鼠标绑定。

3）Select 菜单

Select 菜单及命令如图 7-28 所示。

图7-28

（1）Points：点。

（2）Edges：边。

（3）Polygons：面。

（4）Islands：物体元素。

（5）Clear：清空。

（6）Select All：选择所有。

（7）Select Borders：选择边框。

（8）Edge Tool Loop：边循环工具。

（9）Edge Tool Shortest Path：最短路径边工具。

（10）Hide Selected：隐藏被选择的工具。

（11）Hide UnSelected：隐藏没有被选择的工具。

（12）UnHide：取消隐藏。

（13）Auto Hide Island Mode：自动隐藏物体模式。

（14）Grow：扩展。

（15）UnGrow：取消扩展。

4）Unfold 菜单

Unfold 菜单及命令如图 7-29 所示。

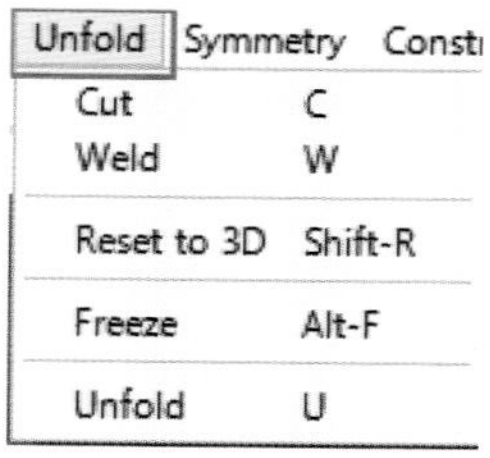

图7-29

（1）Cut：切割。

（2）Weld：焊接。

（3）Reset to 3D：返回到 3D 模型。

（4）Freeze：冻结。

（5）Unfold：展开。

5）Symmetry

Symmetry 菜单及命令如图 7-30 所示。

图7-30

（1）Enable/Disable：开启 / 显示对称。

（2）Settings...：设置对称。

6）Constrain 菜单

Constrain 菜单及命令如图 7-31 所示。

图7-31

（1）AutoPin：自动压住。

（2）Pin：压住。

（3）Edge Horizontal：边缘的水平。

（4）Edge Vertical：边缘的垂直。

（5）UnPin/UnConstrain：无压住 / 无约束。

（6）UnPin All Points：取消压住所有的点。

（7）UnConstrain Edges：取消约束边。

（8）UnConstrain All Edges：取消约束所有的边。

（9）Update Off：关闭校正。

（10）Update On：开启校正。

（11）Update Real Time：实时校正。

7）Optimize 菜单

Optimize 菜单及命令如图 7-32 所示。

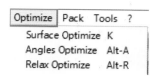

图7-32

（1）Surface Optimize：表面优化。

（2）Angles Optimize：角度优化。

（3）Relax Optimize：放松优化。

8）Pack 菜单

Pack 菜单及命令如图 7-33 所示。

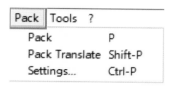

图7-33

（1）Pack：布局。

（2）Pack Translate：移动布局。

（3）Settings...：布局设置。

9）Tool 菜单

Tool 菜单及命令如图 7-34 所示。

图7-34

（1）Mesh Informations：模型信息。

（2）Island Copy Edge Selection：物体上复制选择的边。

（3）Island Copy UV：物体上复制选择的UV。

5. 工具架常用命令及按钮

下面学习视图中的工具。每个视图左边都有一个视图工具架，它们的用法完全相同，只是其中有些按钮针对于不同的视图，如图 7-35 所示。

图7-35

图 7-35 中按钮依次如下。

(1) Polygon 实体按钮。

(2) Wireframe 线框按钮。

(3) Polygon+Wireframe 实体 + 线框按钮。

(4) Textured 贴图棋盘格按钮。

(5) Textured 贴图网格按钮。

(6) 自定义贴图按钮。

(7) "灯光" 开启或者关闭按钮。

(8) 自身视图居中按钮。

(9) 模型物体视图居中按钮。

6. Unfold 3D 软件展开 UV 实例

(1) 首先从 Maya 中输出模型。如图 7-36 所示, 在 Maya 中选择所有模型, 单击 "File" → "Export Selection..." 命令, 在弹出对话框的 "File of type" 中选择 "Obj Export" (obj 格式输出)选项。如果这里没有 "Obj Export" 选项, 则需要在 "Windows" → "Settings/Preferences" → "Plug-in Manager" 中找到 "Obj Export.mll", 并勾选它后面的 "Loaded" 选项。

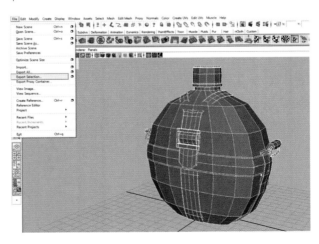

图7-36

（2）打开 Unfold 3D，单击"File"→"Load OBJ..."命令，选择并打开水壶的模型，如图 7-37 所示。

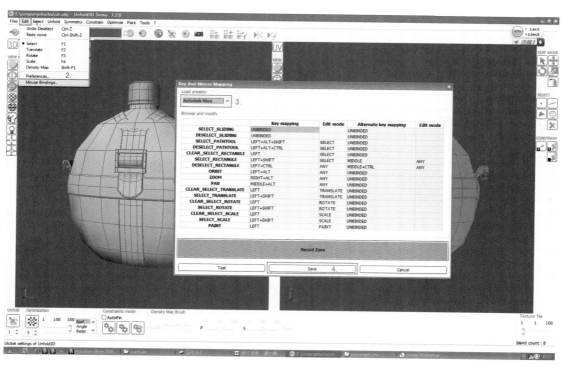

图7-37

（3）Unfold 3D 的默认操作方式比较特殊，这里将它设置为 Maya 的操作方式。单击"Edit"→"Mouse Bindings…"命令打开"Key And Mouse Mapping"对话框，在"Load presets"中选择"Autodesk Maya"，然后单击"Save"按钮即可，如图 7-38 所示。

图7-38

（4）如图 7-39 所示，在右边工具栏单击"Islands"按钮，进入物体元素选择模式，再单击视图中的水壶身体模型。

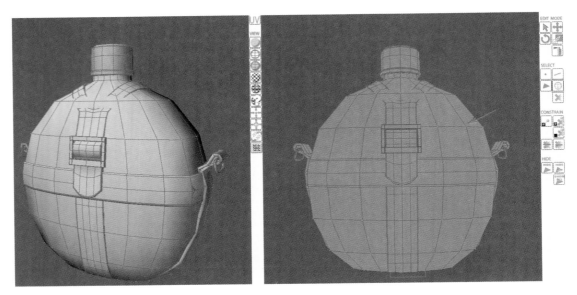

图7-39

(5) 单击右边工具栏中的"Hide Unselected"按钮,隐藏所有没有选中的模型物体,如图 7-40 所示。

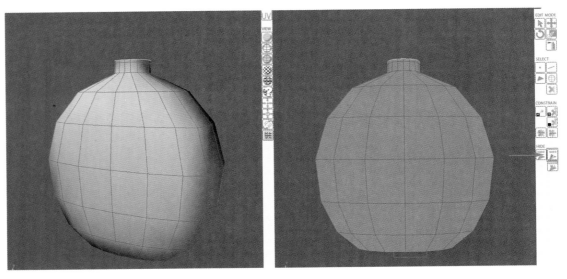

图7-40

(6) 单击右边工具栏中的"Edges"(边线选择)按钮,然后按住"Shift"键,在图中所示的线上单击,并分别选中它们。蓝色为选中状态,白色是预选状态(并未选中),如图 7-41 所示。

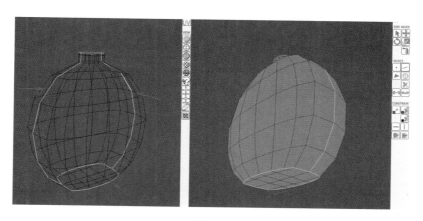

图7-41

（7）单击视图工具架中的"Cut"（切割）按钮，切开我们选中的边线（切开后边线以橘红色显示），
然后再单击视图工具架中的"Unfold"（展开）按钮，对模型进行 UV 展开，如图 7-42 所示。

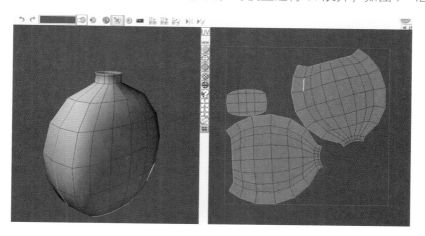

图7-42

（8）可以单击视图中的"Texture Checkboard"按钮，对展开的模型 UV 进行贴图测试，如图 7-43
所示。

图7-43

(9) 单击右边视图工具栏中的 "Islands" 按钮,再单击 "UnHide" 按钮,显示所有的模型,如图 7-44 所示。

图7-44

(10) 单击视图工具栏中的 "Islands" 按钮,在视图中选中水壶盖模型部分,再单击工具栏中的 "Hide Unselected" 按钮, 隐藏没有选中的模型物体, 如图 7-45 所示。

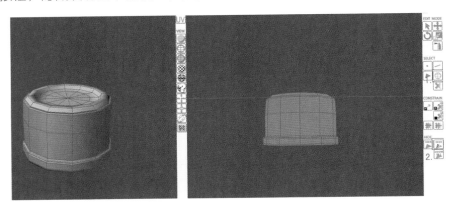

图7-45

(11) 单击右边工具栏中的 "Edges" (边线选择) 按钮,然后按住 "Shift" 键,在图中所示的线上单击,并分别选中它们, 如图 7-46 所示。

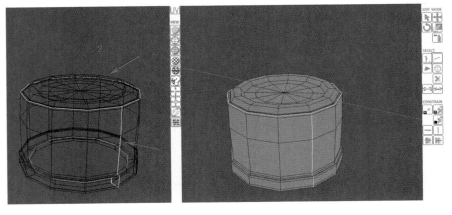

图7-46

　　(12)单击视图工具架中的"Cut"(切割)按钮,切开我们选中的边线(切开后边线以橘红色显示),然后再单击视图工具架中的"Unfold"(展开)按钮,对模型进行 UV 展开,如图 7-47 所示。

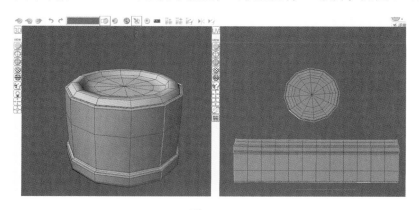

图7-47

　　(13)使用上述同样的方式,显示所有被隐藏的物体,再选中需要展开 UV 的模型部分进行展开。图 7-48 所示为水壶的金属扣模型部分的切口线位置和展开 UV 后的效果。

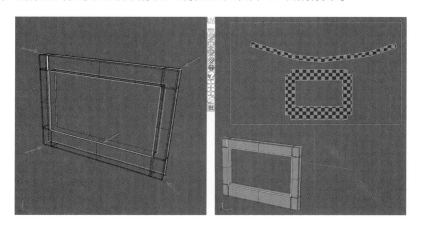

图7-48

　　(14)图 7-49 所示为所有模型部分都展开 UV 后的效果。

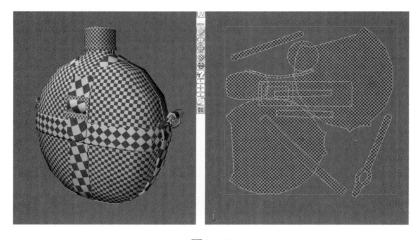

图7-49

(15)模型的 UV 全部展开后，其排列非常混乱。单击视图工具架上的"Pack"按钮，可以整齐地排列好所有模型的 UV，并且保持所有模型 UV 的大小、比例统一，如图 7-50 所示。

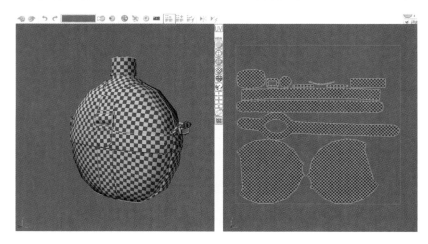

图7-50

(16)执行菜单"Files"→"Stamper…"命令，打开"Stamper"面板，填写输出路径及名称并勾选"Export Mesh(.obj)"选项，再单击面板下方的"Export Files"按钮，导出拆分好的模型 UV，如图 7-51 所示。

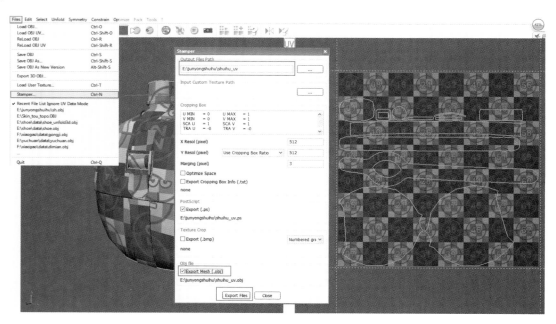

图7-51

本章小结

本章讲解了模型的 UV 拆分方法及需要注意的地方。UV 的拆分是为了更好地绘制模型贴图，UV 拆分的好坏至关重要。不管使用什么样的方式和软件进行模型 UV 拆分，都必须按照所需进行合理拆分。软件的学习只是基础，最重要的还是在平时的学习中多思考、多动手。

第8章
渔船材质贴图制作实例

8.1　渔船UV的拆分

当模型制作完成后，就要进行 UV 的划分。在划分之前，要多参考绘制的彩色设定稿或者参考图，因为将来要根据这些彩色设定稿或者参考图进行贴图的制作。在划分 UV 时，要考虑贴图制作是否方便，渔船的色彩和外形如图 8-1 所示。

图8-1

在本案例中，我们使用 Unfold 3D 软件展开模型的 UV。

（1）首先，打开渔船的场景模型，把渔船上通过镜像复制而制作出来的另外一半模型选中，把它们放入通道盒中新建的图层，并把图层显示关闭。这样做的好处是可以先拆分好其中一半的模型 UV，再重新镜像将该贴图复制过去。这样可以减少以后贴图的绘制工作量，提高制作效率。被隐藏的部分如图 8-2 所示。

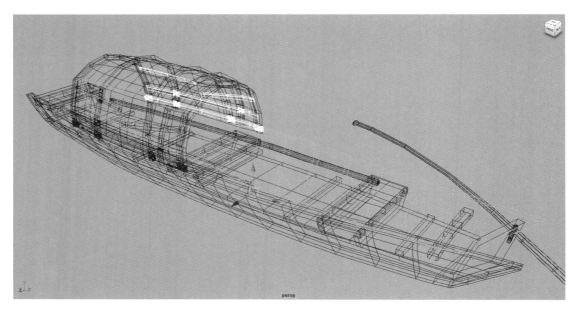

图8-2

　　(2)如图 8-3 所示，在 Maya 中选择渔船模型，单击"File"→"Export Selection..."命令，在弹出对话框的"File of type"中选择"OBJ Export"选项。如果这里没有"OBJ Export"选项，则需要在"Windows"→"Settings/Preferences"→"Plug-in Manager"中找到"OBJ Export.mll"，并勾选它后边的"loaded"。

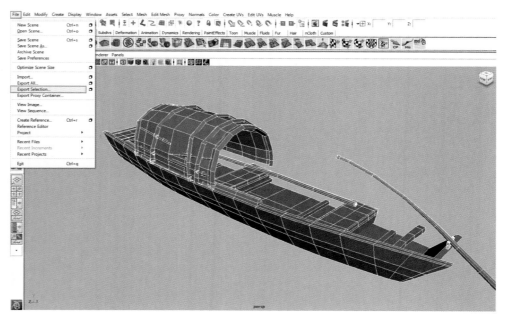

图8-3

　　(3)打开 Unfold 3D，如图 8-4 所示，单击"File"→"Load OBJ..."命令，选择并打开渔船的模型。

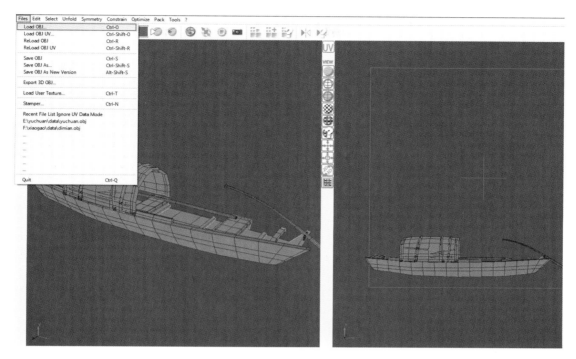

图8-4

（4）Unfold 3D 的默认操作方式比较特殊，这里将它设置成 Maya 的操作方式。单击"Edit"→"Mouse Bindings"命令打开"Key And Mouse Mapping"对话框，在"Load presets"中选择"Autodesk Maya"，然后单击下面的"Save"按钮即可，如图 8-5 所示。

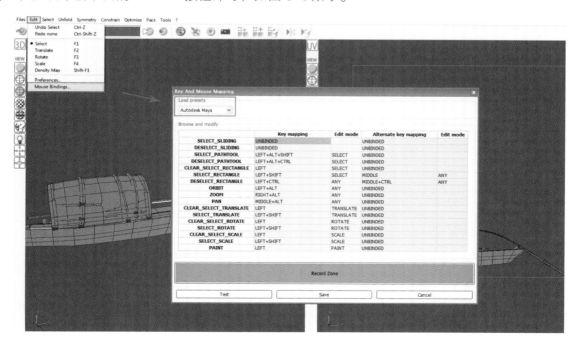

图8-5

（5）由于导入的渔船模型是整体导入的，不利于我们进行各个部分 UV 的拆分。所以可以单击右边工具架上面的"Islands"工具图标，然后再单击需要进行 UV 拆分的模型，执行"Select"→"Hide

UnSelected"命令，把没有选中的其他模型部分进行隐藏，如图 8-6 所示。

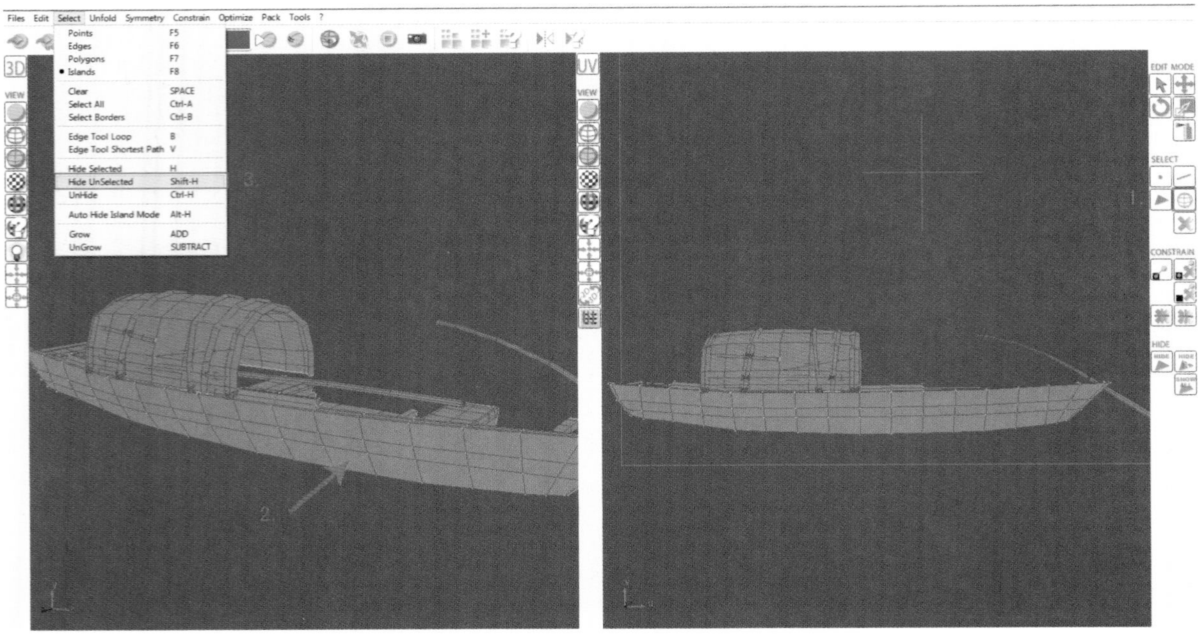

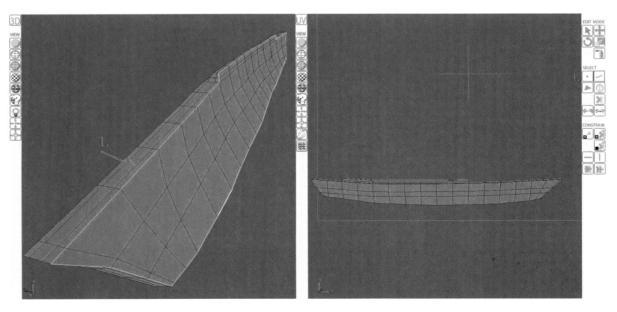

图8-6

（6）对视窗中显示的模型进行 UV 拆分。单击图 8-7 中 1 位置的边工具按钮，然后按"Alt+Shift"组合键，在图中所示的线上单击，鼠标会沿着模型转折边缘进行指向，并分别选中模型这一面边缘转折部分所有的边。蓝色为选中状态，白色是预选状态（并未选中）。

图8-7

(7) 单击"切开"图标，对选中的蓝色边线进行切开（切开的边线显示为橘红色），如图 8-8 所示。

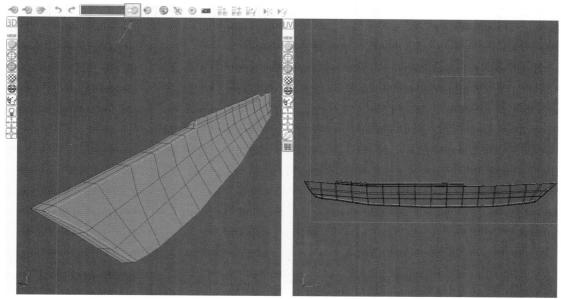

图8-8

(8) 按"Alt+Shift"组合键，在图中所示的线上单击并选中，然后单击"切开"图标，对选中的边线进行切开，如图 8-9 所示。

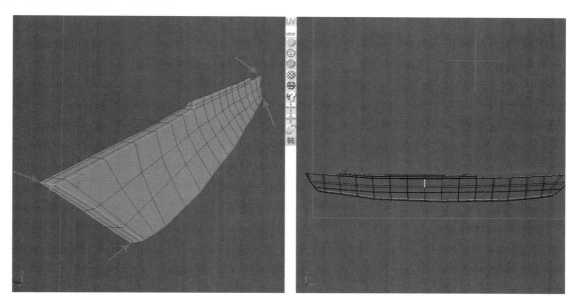

图8-9

(9) 如图 8-10 所示，单击图中 1 位置的展开按钮，数秒钟之后，这部分模型的 UV 即可展开。单击图 8-10 中 2 位置的"纹理显示"按钮，可查看模型上贴图的显示效果，以检查 UV 的拆分情况。

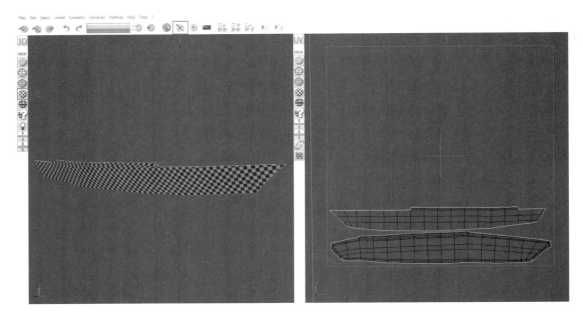

图8-10

　　（10）如图8-11所示，单击图中工具架上1位置的"Islands"图标按钮，然后再执行"Select"→"UnHide"命令，把所有隐藏的模型都显示出来。

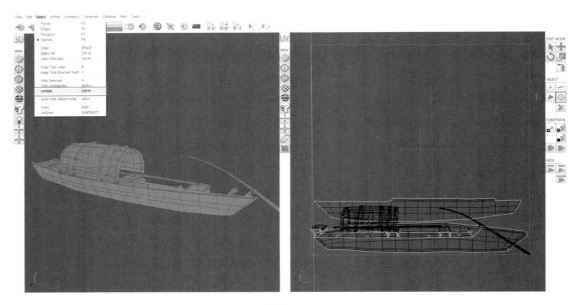

图8-11

　　（11）使用同样的方式，展开渔船模型上其他部位的UV。由于模型每一部分的UV都是单独展开的，为了能够合理、整齐地排列在一起，可以单击如图8-12所示的按钮，进行自动排列。

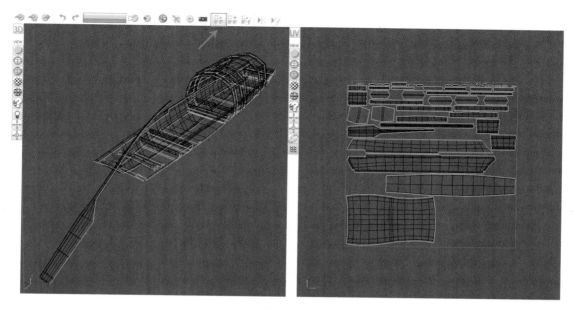

图8-12

(12）单击"Files"→"Stamper…"命令，在打开的"Stamper"面板中，勾选"Export (.ps)"和"Export Mesh(.obj)"两个选项，然后单击下面的"Export Files"按钮，将展开 UV 的模型保存成 .obj 格式，如图 8-13 所示。

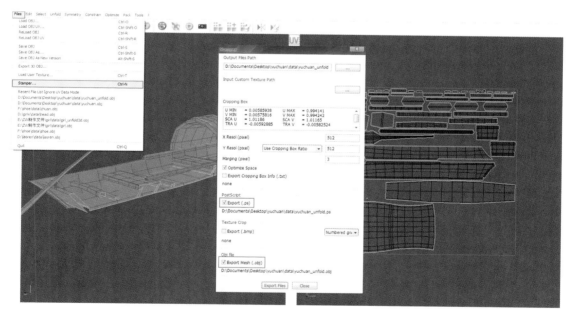

图8-13

(13）下面在 Maya 中调整 UV 的布局。打开 Maya 软件，然后单击"File"→"Import"命令导入拆分好 UV 的渔船模型（渔船模型会合并在一起）。选中模型，打开"Window"→"UV Texture Editor"命令，打开 UV 纹理编辑器，如图 8-14 所示。

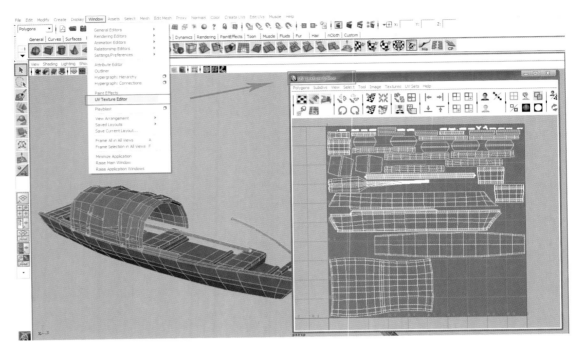

图8-14

(14) 单击图 8-15 中箭头所指示位置的 "Move UV Shell Tool" 图标按钮,在 UV 纹理编辑器中选择不同的 UV 部分并调整位置(使用 "Move UV Shell Tool" 工具调整 UV 时,不要让 UV 重叠,否则会自动返回),可以使用旋转工具进行旋转调整。

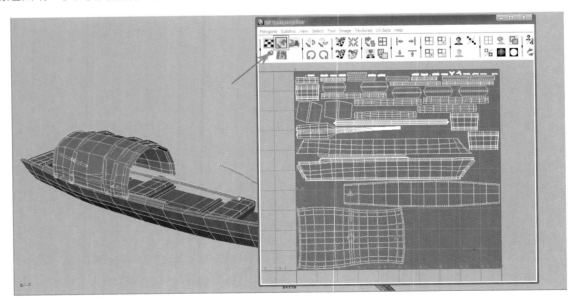

图8-15

(15) UV 的排列要尽量利用满整个 "0~1" 的 UV 空间,但是不能因为要充分利用贴图空间而单独缩放某一个 UV 片,这样会导致 UV 比例拉大或者缩小,造成贴图分辨率存在过大差别。

排列好的 UV 如图 8-16 所示。

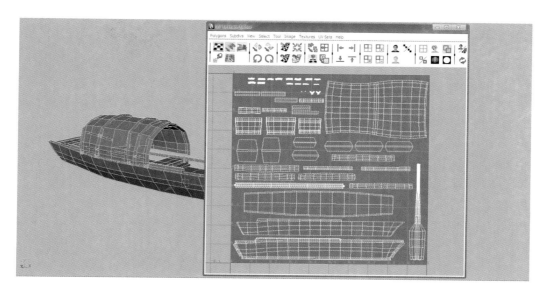

图8-16

(16)排列好 UV 之后，选中渔船模型，执行"Mesh"→"Separate"命令，把合并的模型进行分离，然后选中需要镜像复制到另外一边的部分模型进行镜像复制操作(对拆分好 UV 的模型进行复制操作，被复制出来的模型 UV 将和原模型进行空间位置上的重叠)，这样渔船的 UV 就全部整理好了。最终效果如图 8-17 所示。

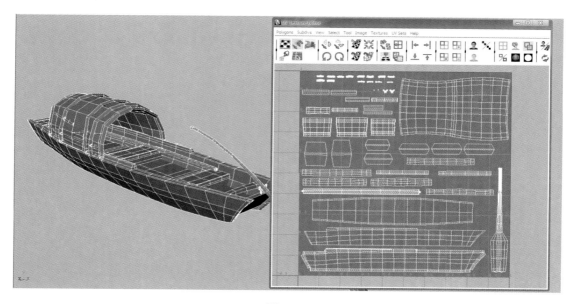

图8-17

(17)在 UV 纹理编辑器面板下选中所有模型的 UV 点，单击 UV 纹理编辑器面板菜单中的"Polygons"→"UV Snapshot..."命令，在弹出的面板中进行如图 8-18 所示设置。

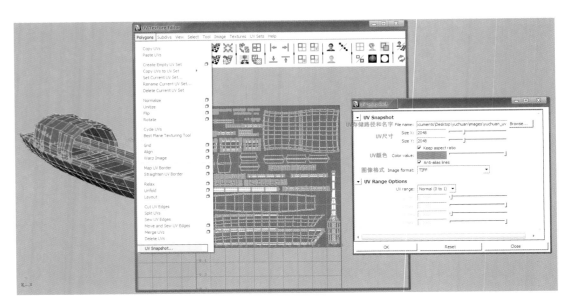

图8-18

8.2　渔船灯光的设置

（1）单击 Maya 菜单中的"File"→"Import"命令，导入制作好的球形灯光阵列（简称 GI 灯光）。这套灯光阵列分为三部分，上面一部分图标较小的平行光用来模拟间接光照、下面的灯光用来模拟反射光照、上面最大图标的那盏平行光用于模拟主光源。选中灯光阵列的组级别，通过缩放工具调整，让灯光包住渔船模型，如图 8-19 所示。

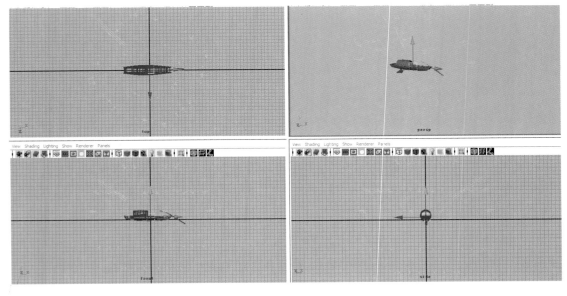

图8-19

（2）选中渔船模型中除了隔板和地板以外的所有模型，单击"Mesh"→"Smooth"命令进行光滑。然后，单击"Window"→"Rendering Editors"→"Render View"命令打开渲染视窗，如图 8-20 所示。

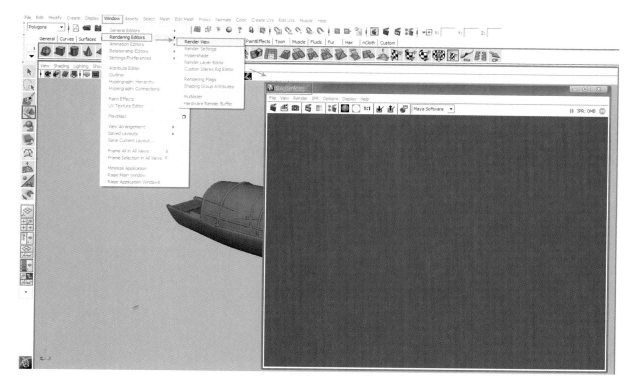

图8-20

（3）在渲染视窗中，单击"Render"→"Render"→"Persp"命令对当前透视图进行渲染，如图 8-21 所示。

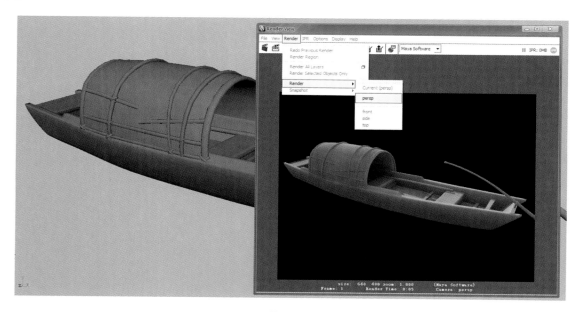

图8-21

8.3　贴图烘焙

在 Maya 中，拆分好模型的 UV 之后就要进行相关贴图的制作了，在 Photoshop 软件中进行贴图的绘制，主要依据倒入的 UV 网格进行位置确定，但是单纯地通过 UV 网格进行位置的确定并不是很直观，很难准确确定 UV 空间位置对应的是模型的哪个部位。通常，在 Maya 中使用 "3D Paint Tool" 或者使用 Maya 中的 "Mental Ray" 渲染器的 "Ambient Occlusion" 节点进行贴图烘焙，然后再调入 Photoshop 中进行辅助参考，在本案例中我们使用后者进行制作。

(1) 单击 Maya 菜单中的 "Window" → "Rendering Editors" → "Hypershade" 命令，打开材质编辑器，如图 8-22 所示。

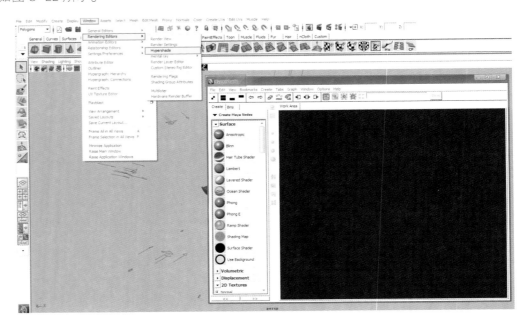

图8-22

(2) 在材质编辑器中单击左边的 "Surface Shader" 材质球，然后在 Maya 视窗中选中渔船模型，再把鼠标指针放在创建的材质球图标上，单击右键选择 "Assign Material To Selection" 命令，把 "Surface Shader" 材质球赋给选中的渔船模型，如图 8-23 所示。

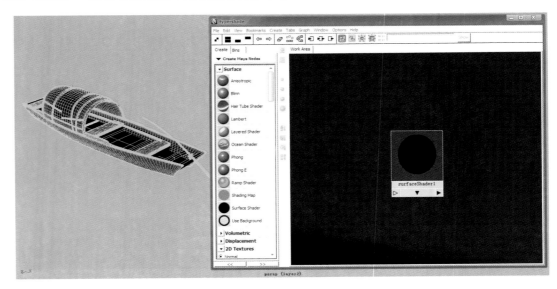

图8-23

（3）在如图 8-24 所示的位置单击左键，在出现的选项中选择"Create mental ray Nodes"命令，切换到"Mental Ray"渲染器的节点工具。

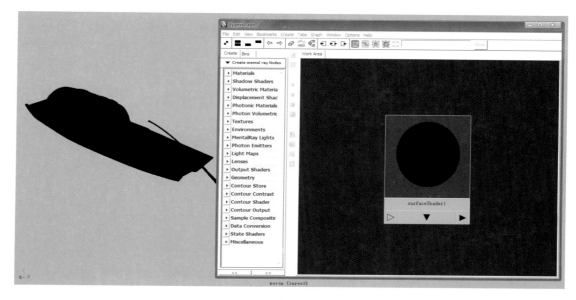

图8-24

（4）单击展开左边工具节点中的"Textures"节点，再单击创建"mib_amb_occlusion"节点，如图 8-25 所示。

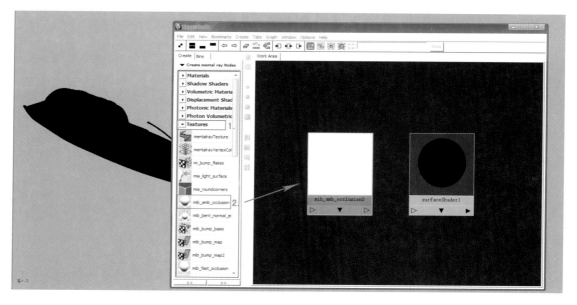

图8-25

（5）创建出来的"mib_amb_occlusion"节点显示有红条，说明当前的软件渲染器使用的不是"mental ray"渲染器，所以创建的节点就用红条来提示。单击"Window" → "Rendering Editors" → "Render Settings"命令，打开渲染设置面板，再单击"Render Using"命令的下拉菜单，并选择"mental ray"渲染器，如图 8-26 所示。

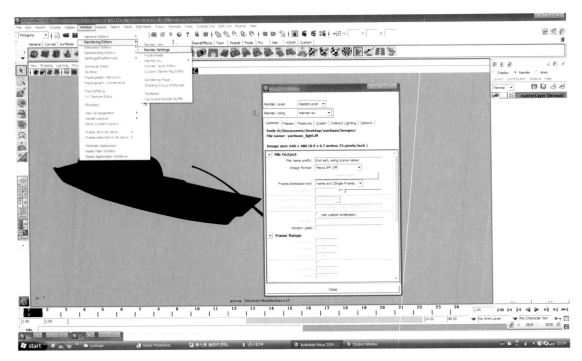

图8-26

(6) 在"Hypershade"材质编辑器中，双击"Surface Shader"材质球，打开属性面板。把鼠标指针放在"mib_amb_occlusion"节点图标上，按住鼠标中键拖放节点并连接在材质球的"Out Color"通道中，如图 8-27 所示。

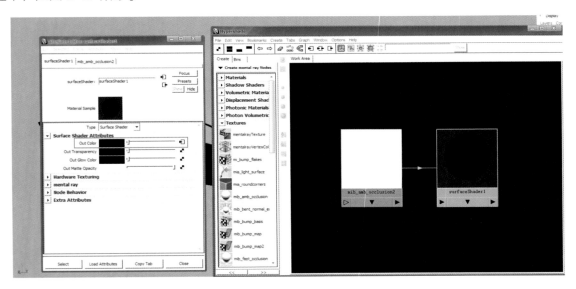

图8-27

(7) 单击"Window"→"Rendering Editors"→"Render View"命令打开渲染视窗，在渲染视窗中，单击"Render"→"Render"→"Current（persp）"命令对当前透视图进行渲染。过程和结果如图 8-28 所示。

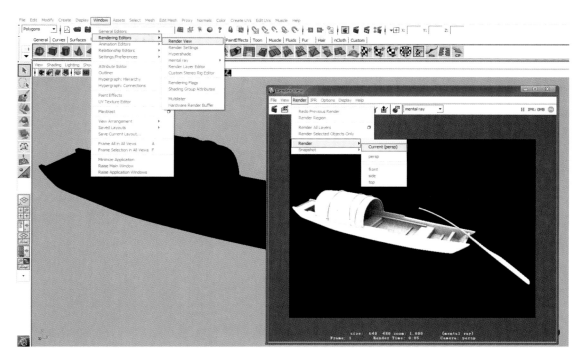

图8-28

（8）下面调节画面的渲染效果。双击"mib_amb_occlusion"节点图标，打开属性面板，如图8-29所示，设置参数并进行渲染。

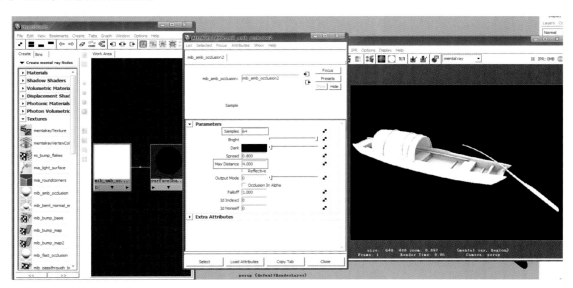

图8-29

（9）效果调节好后，下面开始设置烘焙参数。单击图 8-30 所示的位置 1，切换到"Rendering"板块，再单击位置 2 的"Lighting/Shading"→"Batch Bake(mental ray)"命令的内部属性面板进行属性设置，最后选中渔船模型单击位置 3 的烘焙转换按钮。

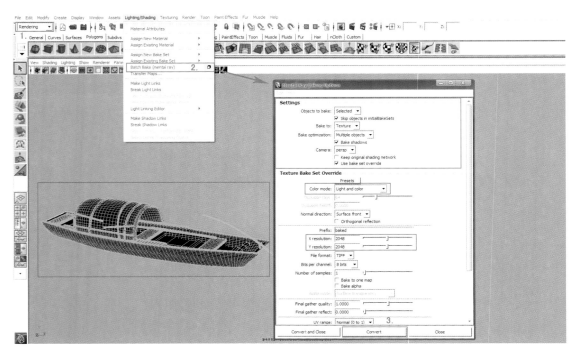

图8-30

8.4　绘制渔船贴图

（1）在 Photoshop 软件中，打开 Maya 中输出的模型 UV。单击图 8-31 所示位置 1 通道面板中的 Alpha 通道，再单击位置 2 菜单"选择"→"载入选区"命令，选中图像中的线框选区。

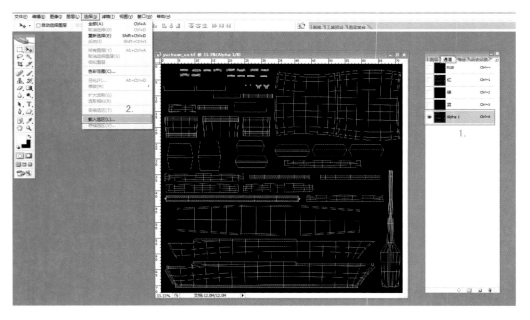

图8-31

（2）如图 8-32 所示，在通道面板中单击位置 1 的 RGB 通道，再按键盘上的"Ctrl+C"组合键复制选中的选区，接着按"Ctrl+V"组合键，这样线框选区就被单独提取出来并存放在一个新的图层中。

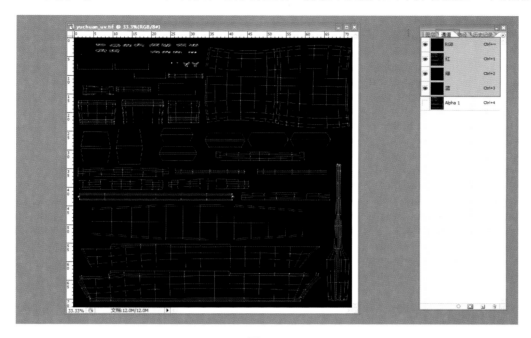

图8-32

(3) 在 Photoshop 中打开一张木头纹理，这张纹理类似渔船侧板和底板的材质纹理，如图 8-33 所示。

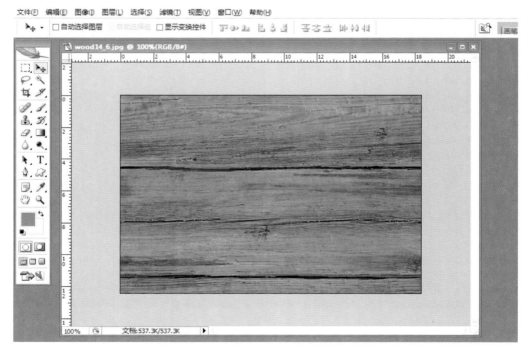

图8-33

(4) 将这张木头纹理拖动到刚才提取出 UV 网格的那张画布中，将 UV 图层置于图层面板中的最上层，如图 8-34 所示。

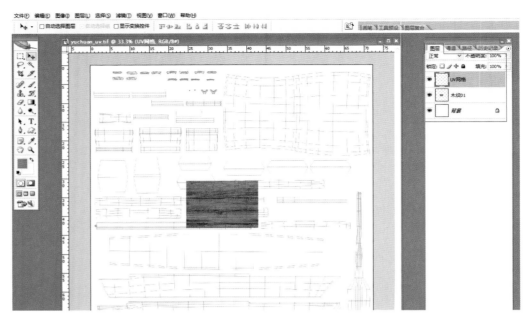

图8-34

(5) 这个木头的纹理感觉稍大了些，按"Ctrl+T"自由变换组合键，将纹理缩小些，如图 8-35 所示。

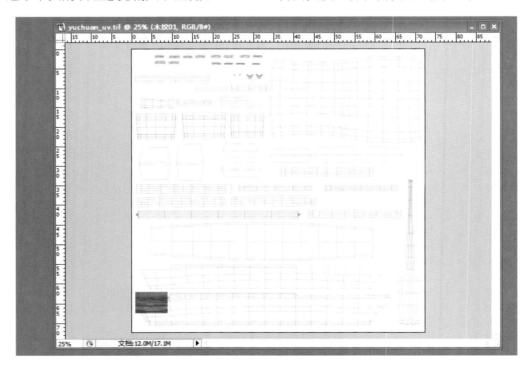

图8-35

(6) 按"Ctrl+Alt+Shift"组合键拖动贴图进行复制，参照 UV 网格拼满侧板和底板所在的空间，如图 8-36 所示。

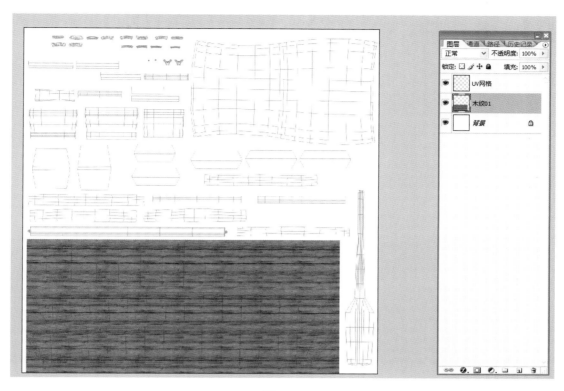

图8-36

（7）下面对纹理进行校色处理，选中"木纹 01"图层，单击"图像"→"调整"→"色相 / 饱和度 ..."命令，打开其控制面板，对饱和度和明度参数进行调整，如图 8-37 所示。

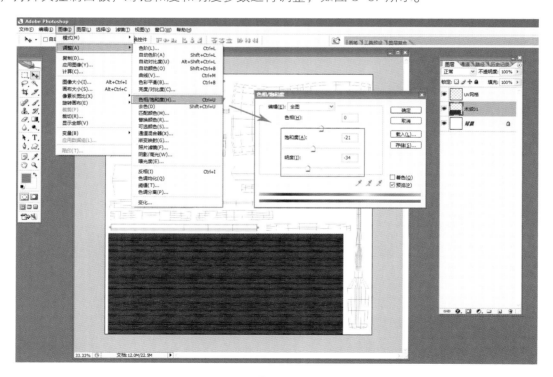

图8-37

(8) 单击"图像"→"调整"→"色彩平衡…"命令,调整其参数,继续进行校色,如图8-38所示。

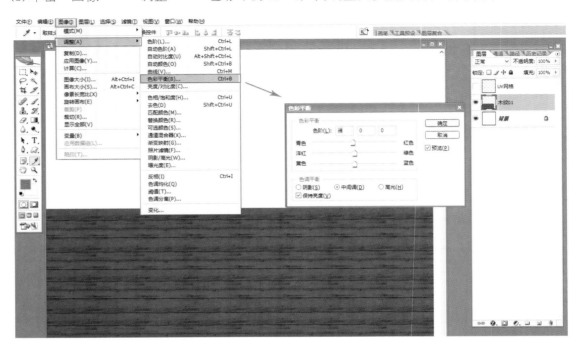

图8-38

(9) 渔船上不同部位的纹理是不一样的，需要根据参考照片或者原画设定来分别指定纹理。在 Photoshop 中打开一张木头纹理的贴图，这张贴图是指定在渔船的隔板位置，如图 8-39 所示。

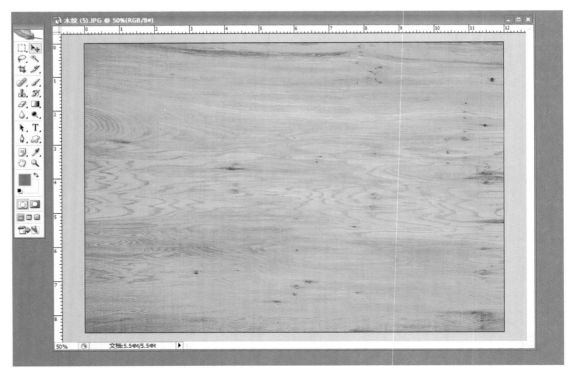

图8-39

（10）按"Ctrl+Alt+Shift"组合键拖动贴图进行复制，参照 UV 网格拼满隔板所在的空间，如图 8-40 所示。

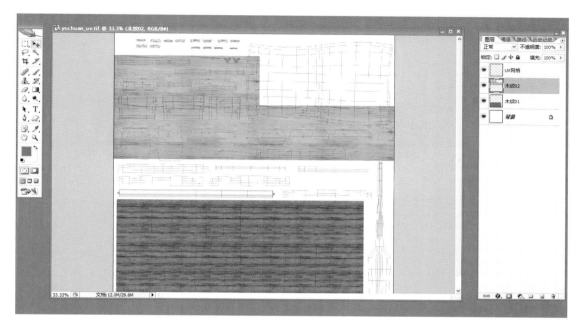

图8-40

（11）贴图在拼接中超出去的部位可以使用"钢笔"工具框选出来并删除掉，如图 8-41 所示。

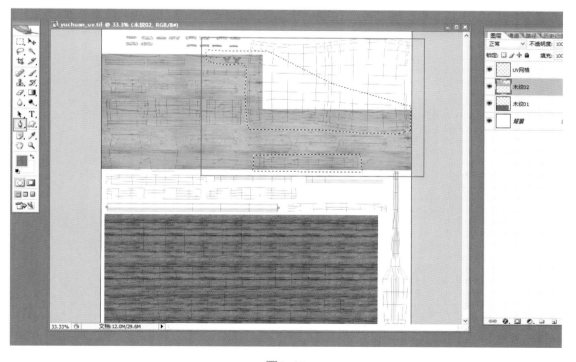

图8-41

（12）参照图 8-37、图 8-38 所示对"木纹 02"图层进行校色，使其在明度、色相、饱和度上与"木纹 01"图层尽量一致，调整结果如图 8-42 所示。

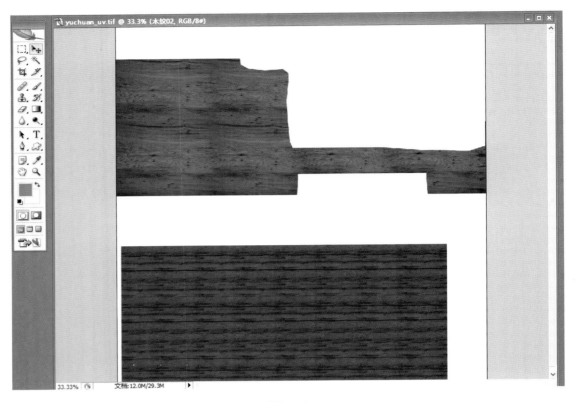

图8-42

(13) 在 Photoshop 中打开一张木纹贴图，用来制作渔船上面的凳子贴图。对贴图进行拼接并进行校色处理，结果如图 8-43 所示。

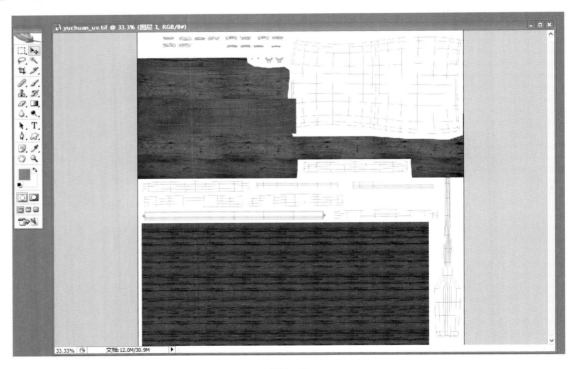

图8-43

（14）下面来制作斗篷的贴图。打开一张竹席子纹理的贴图，拼接在相应的位置并进行校色处理，结果如图 8-44 所示。

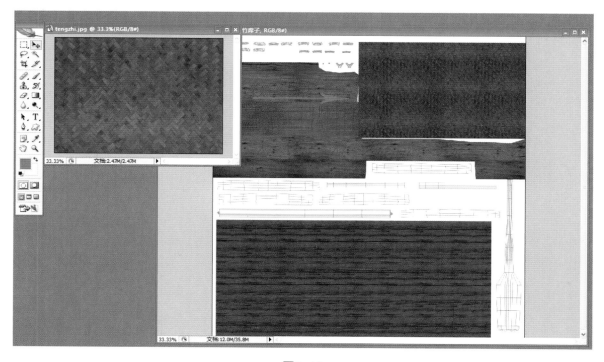

图8-44

（15）打开一张竹子的贴图，使用裁切工具裁切出几根柱子的纹理，放在斗篷上竹条的 UV 位置，并进行校色。其过程和结果如图 8-45、图 8-46 所示。

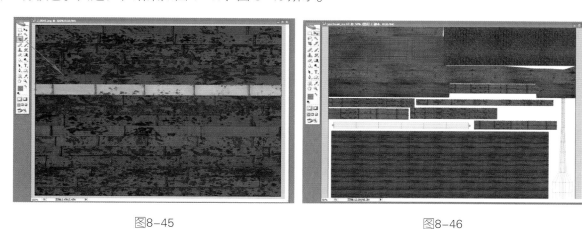

图8-45　　　　　　　　　　　　　　　　图8-46

（16）剩下的撑杆、船桨等部位的贴图按照以上同样的方法进行制作，拼接好的贴图如图 8-47 所示。

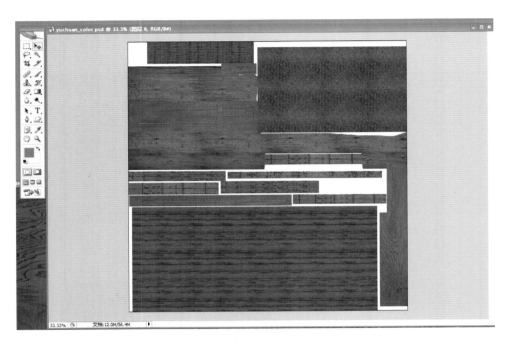

图8-47

　　(17) 把拼接好的贴图保存为 .jpeg 格式。打开 Maya 软件，在材质编辑器中创建一个"Lambert"材质球，在"color"通道中指定这张贴图并把材质球赋给渔船模型，如图 8-48 所示。

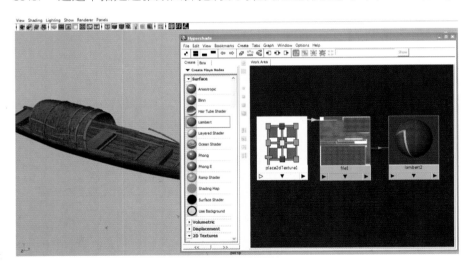

图8-48

　　(18) 下面在 Photoshop 中，绘制贴图上面的细节。打开之前我们烘焙的"Occlusion"贴图并把贴图拖放到渔船贴图中，放在 UV 网格图层的下面，改成"正片叠底"的图层模式，如图 8-49 所示。

图8-49

（19）叠加了"Occlusion"贴图后，可以更加直观地观察到物体之间相互遮挡穿插的位置，这有利于我们绘制贴图的细节。如图 8-50 所示，在位置 1 新建一个名为"污迹"的图层，图层叠加方式改成"正片叠底"，在位置 2 选中画笔工具，把前景色改成灰色。

图8-50

（20）调整画笔工具的不透明度，绘制渔船贴图的污迹（污迹一般出现在物体穿插的地方和平时不常触碰到的地方），如图 8-51 所示。

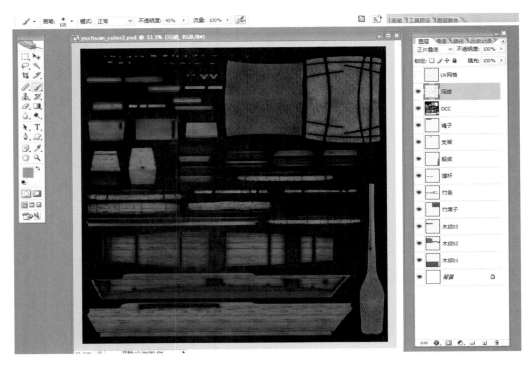

图8-51

（21）与水长时间接触的物体在一些不容易触碰到的位置会产生苔藓。新建一个名为"苔藓"的图层，图层叠加方式改成"正片叠底"，前景色选择"绿色"，选择"画笔"工具进行绘制，如图8-52所示。

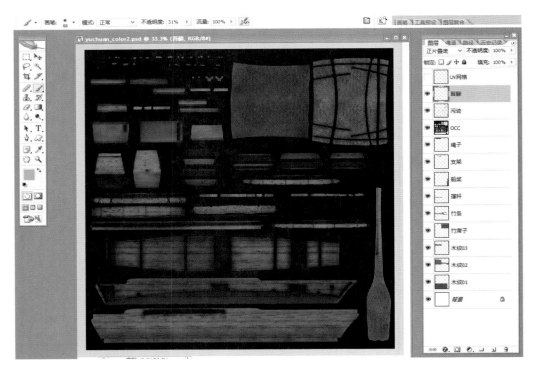

图8-52

（22）把绘制好的贴图保存为 .jpeg 格式。打开 Maya 软件，在材质球 color 通道中指定这张贴图并进行渲染测试，如图 8-53 所示。

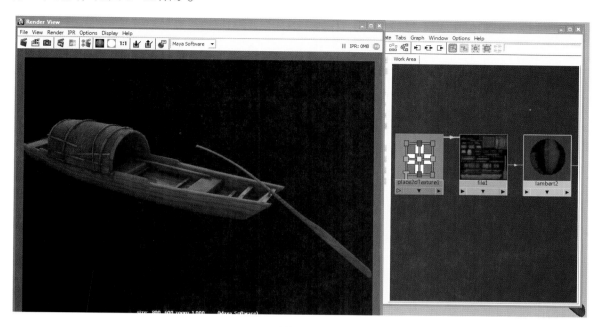

图8-53

（23）在 Photoshop 中，调整叠加的"Occlusion"图层的不透明度，让叠加的效果变淡一些。再次保存绘制好的贴图并替换掉之前的文件，在 Maya 中进行渲染测试。其过程和结果如图 8-54、图 8-55 所示。

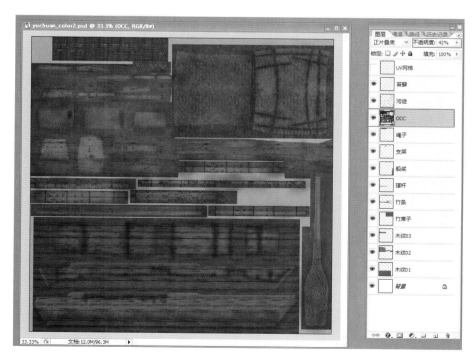

图8-54

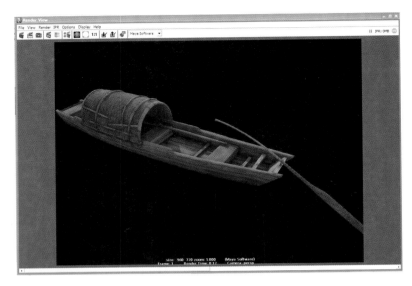

图8-55

（24）下面制作渔船模型的凹凸贴图。在 Photoshop 中，把"Occlusion"图层、UV 网格图层、苔藓和污迹图层的显示关掉，剩下的所有图层按键盘上的"Shift+Ctrl+E"组合键全部合并，如图 8-56 所示。

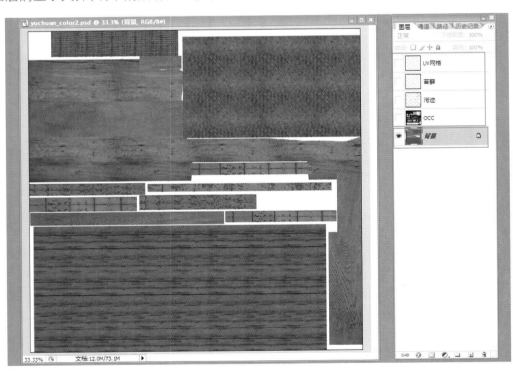

图8-56

(25) 对合并的图层执行"图像"→"调整"→"去色"命令,这样得到一张灰度图,如图 8-57 所示。

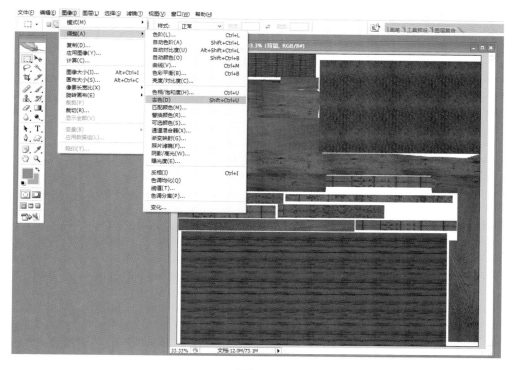

图8-57

(26) 把贴图保存为 .jpeg 格式,命名为"yuchuan_bump"。在 Maya 软件中,创建"File"节点并导入制作好的凹凸贴图,连接"File"节点到材质球的"Bump"通道。其效果如图 8-58 所示。

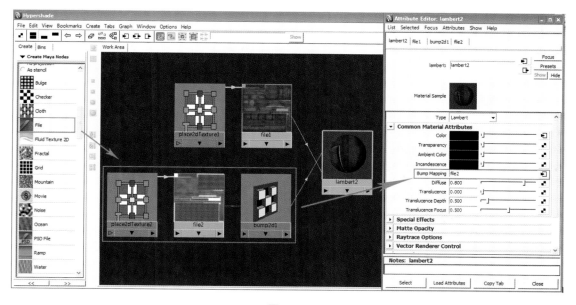

图8-58

(27) 调整 "Bump" 节点属性中的 "Bump Depth" 数值, 并进行渲染测试, 如图 8-59 所示。

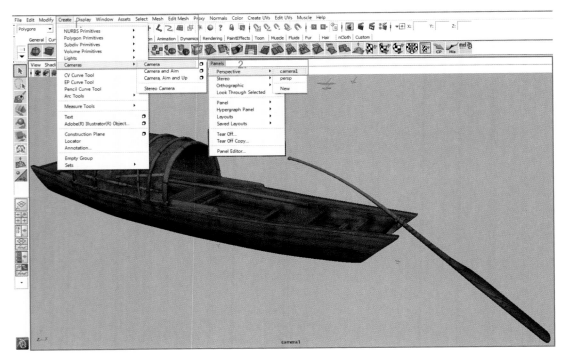

图8-59

8.5 渔船的渲染

(1) 在 Maya 中, 在图 8-60 所示位置 1 单击菜单 "Create" → "Cameras" → "Camera" 命令, 创建一台摄像机。在 "Persp" 透视图中位置 2 单击 "Panels" → "Perspective" → "camera1" 命令, 进入摄像机试图, 进行渔船的渲染构图。

图8-60

(2) 单击菜单 "Window" → "Rendering Editors" → "Render Settings" 命令,打开渲染设置面板,对画面渲染的尺寸和渲染品质进行设置,如图 8-61、图 8-62 所示。

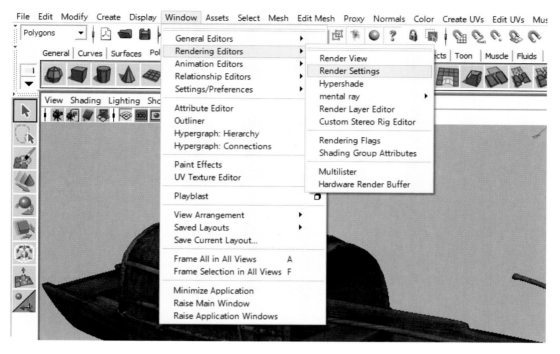

图8-61

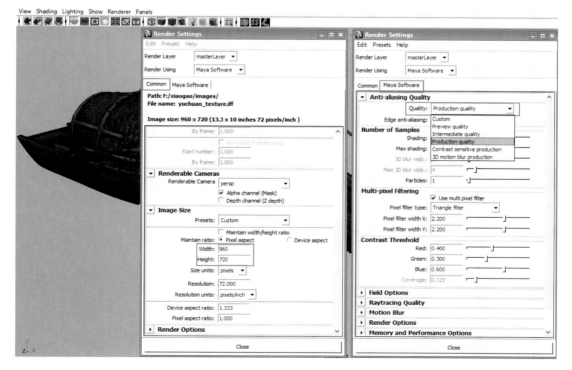

图8-62

(3) 最终渲染效果如图 8-63 所示。

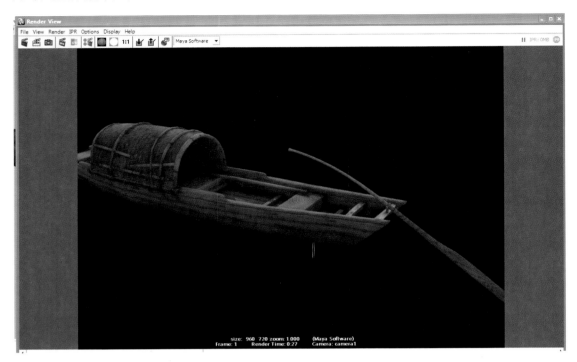

图8-63

渔船的构造比较复杂，每一部分的纹理和质感也不同，在制作时我们要多参考照片或者设定图，有条件的可以去看下实物，认真观察和分析是制作出好作品的重要条件。

第9章

手枪材质贴图制作实例

9.1　手枪UV的拆分

　　模型制作完成后，就要开始 UV 的划分。在划分之前，要多参考绘制的彩色设定稿或者参考图，因为将来要根据这些彩色设定稿或者参考图进行贴图的制作。划分 UV 时，要考虑贴图制作是否方便，如图 9-1 所示。

图9-1

在本案例中，我们使用 Unfold 3D 展开模型的 UV。

（1）打开手枪的场景模型，将手枪上的金属部分单独选中（也可以选择合并），将木头材质的手柄部分也单独选中（也可以合并起来），这有助于材质的区分，如图 9-2 所示。

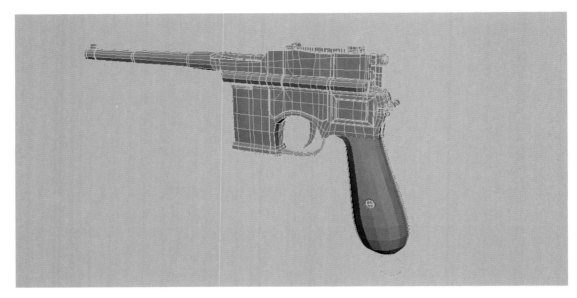

图9-2

（2）如图 9-3 所示，在 Maya 中选择手枪模型，单击 "File" → "Export Selection…" 命令，在弹出对话框的 "File of type" 中选择 "Obj Export" 选项。如果这里没有 "Obj Export" 选项，则需要在 "Window" → "Settings/Preferences" → "Plug-in Manager" 中找到 "Obj Export.mll"，并勾选它后边的 "loaded"。

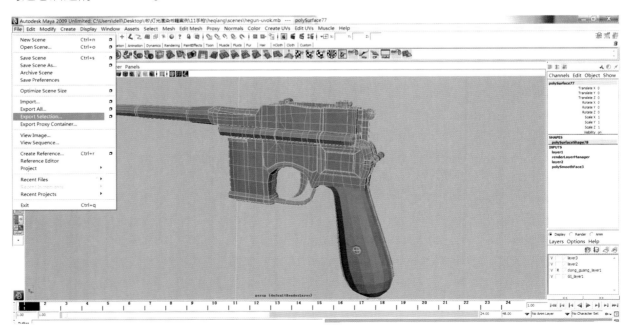

图9-3

(3) 打开 Unfold 3D，如图 9-4 所示，单击 "File" → "Load OBJ..." 命令，选择并打开手枪的模型。

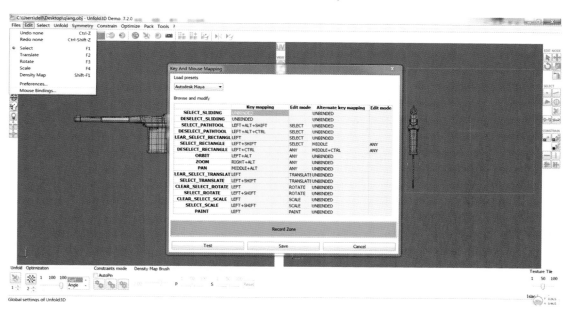

图9-4

(4) Unfold 3D 的默认操作方式比较特殊，这里将它设置成 Maya 的操作方式。单击 "Edit" → "Mouse Bindings..." 命令打开 "Key And Mouse Mapping" 对话框，在 "Load presets" 中选择 "Autodesk Maya"，然后单击下面的 "Save" 按钮即可，如图 9-5 所示。

图9-5

(5) 由于导入的手枪模型是整体导入的，不利于进行各部分 UV 的拆分，所以可以单击右边工具架上面的 "Islands" 工具图标，然后再单击需要进行 UV 拆分的模型，执行 "Select" → "Hide UnSelected" 命令，把没有选中的其他模型部分进行隐藏，如图 9-6 所示。

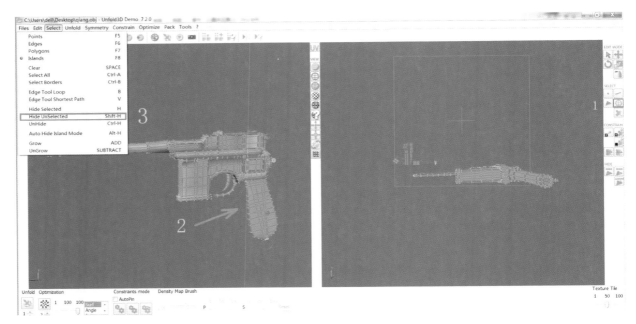

图9-6

(6) 对视窗中显示的模型进行 UV 拆分。单击图 9-7 中位置 1 的边工具按钮，然后按"Alt+Shift"组合键，在图中所示的线上单击，然后鼠标沿着模型转折边缘进行指向，分别选中模型这一面边缘转折部分所有的边。蓝色为选中状态，白色是预选状态（并未选中）。

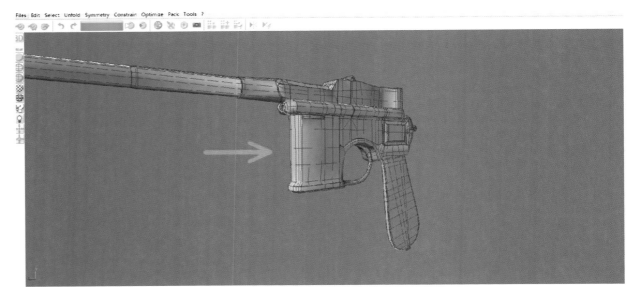

图9-7

（7）单击"切开"图标，对选中的蓝色边线进行切开（切开的边线显示为橘红色），如图 9-8 所示。

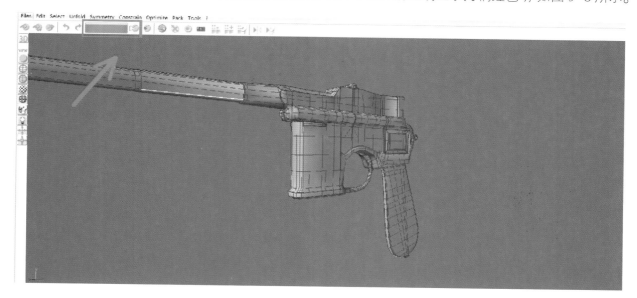

图9-8

（8）按"Alt+Shift"组合键，在图中所示的线上单击并选中，然后单击"切开"图标，对选中的边线进行切开，如图 9-9 所示。

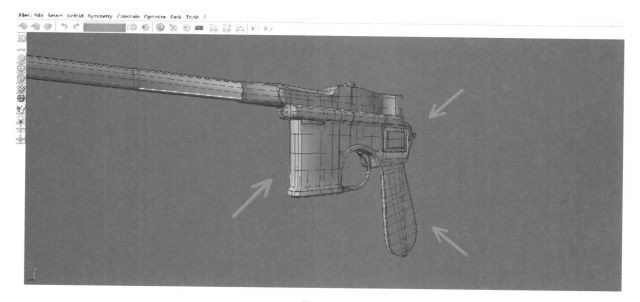

图9-9

（9）单击"展开"按钮，数秒钟之后，这部分模型的 UV 即可展开。单击"纹理显示"按钮，可查看模型上贴图的显示效果，以检查 UV 的拆分情况，使用同样的方式，展开手枪模型上其他部位的 UV。由于模型每一部分的 UV 都是单独展开的，为了能够合理、整齐地排列在一起，可以单击如图 9-10 所示的按钮，进行自动排列。

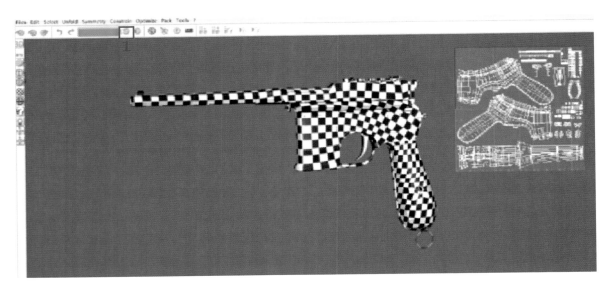

图9-10

(10) 单击 "Files" → "Stamper..." 命令，在打开的 "Stamper" 面板中勾选 "Export (.ps)" 和 "Export Mesh(.obj)" 两个选项，然后单击下面的 "Export Files" 按钮，将展开 UV 的模型保存成 .obj 格式，如图 9-11 所示。

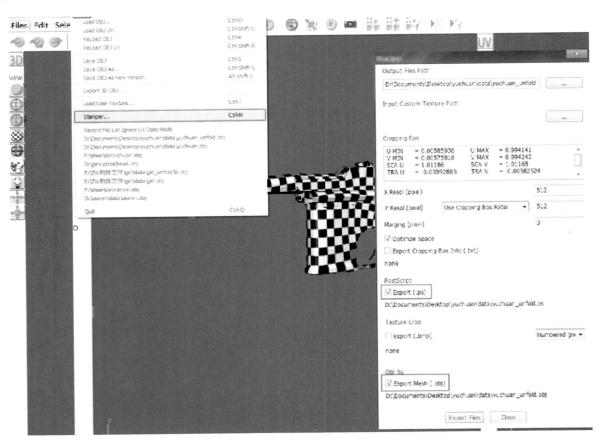

图9-11

　　（11）下面在 Maya 中调整 UV 的布局。打开 Maya 软件，然后单击"File"→"Import"命令导入拆好 UV 的盒子模型（手枪模型会合并在一起）。选中模型打开"Window"→"UV Texture Editor"命令，打开 UV 纹理编辑器，如图 9-12 所示。

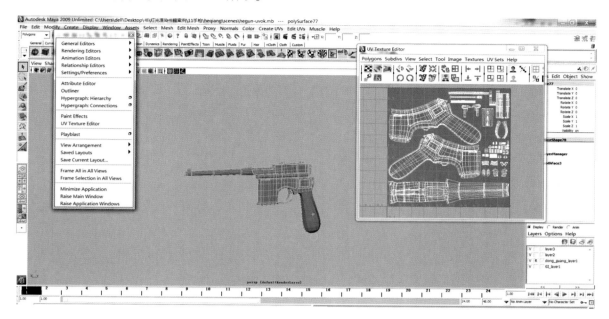

图9-12

　　（12）UV 的排列要尽量利用满整个"0~1"的 UV 空间，但是不能因为要充分利用贴图空间而单独缩放某一个 UV 片，这样会导致 UV 比例拉大或者缩小，使贴图分辨率差别过大。

　　排列好的 UV 如图 9-13 所示。

图9-13

(13) 在 UV 纹理编辑器面板下选中所有模型的 UV 点，单击 UV 纹理编辑器面板菜单中的"Polygons"→"UV Snapshot..."命令，在弹出的面板中进行如图 9-14 所示设置。

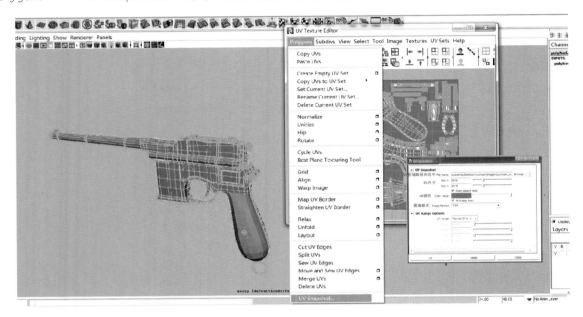

图9-14

9.2　手枪灯光的设置

(1) 单击 Maya 菜单中"File"→"Import"命令，导入制作好的球形灯光阵列（简称 GI 灯光）。这套灯光阵列由三部分构成，上面一部分图标较小的平行光用来模拟间接光照、下面的灯光用来模拟反射光照、上面图标最大的那盏平行光是模型的主光源。选中灯光阵列的组级别，通过缩放工具调整，让灯光包住手枪模型，如图 9-15 所示。

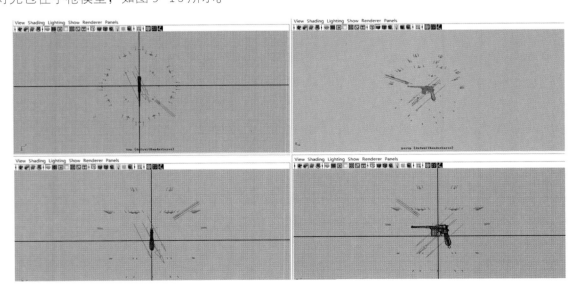

图9-15

　　(2)选中手枪模型,单击"Mesh"→"Smooth"命令进行光滑。然后单击"Window"→"Rendering Editors"→"Render View"命令打开渲染视窗,如图9-16所示。

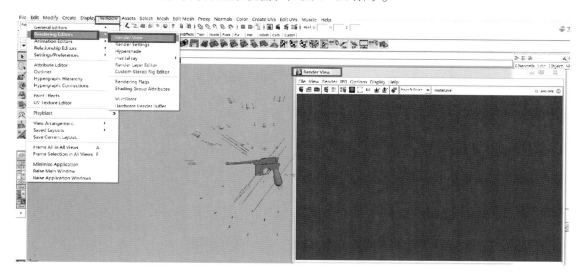

图9-16

　　(3)在渲染视窗中,单击"Render"→"Render"→"camera1"命令对当前透视图进行渲染,如图 9-17 所示。

图9-17

9.3　调节手枪材质质感

　　(1)由于枪身是用金属制作的,而枪把手是用木头制作的,所以在材质球的选择中,需要用 Blinn 材质和 Lambert 材质分别对枪身和枪把手进行材质的赋予,首先打开材质编辑器,如图 9-18 所示。

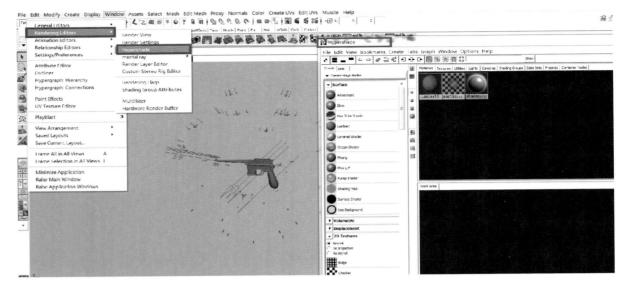

图9-18

（2）创建一个 Blinn 材质，选择枪身，再单击 Blinn 材质按住鼠标右键，选择"向上"进行材质的赋予，如图 9-19 所示。

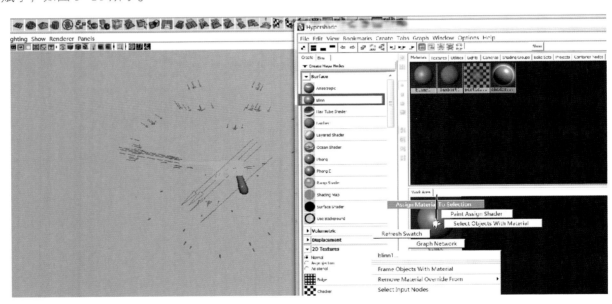

图9-19

（3）按"Ctrl+A"组合键打开材质球的基本属性，调整材质球的参数，稍微调整高光强度值和高光聚焦值，如图 9-20 所示。

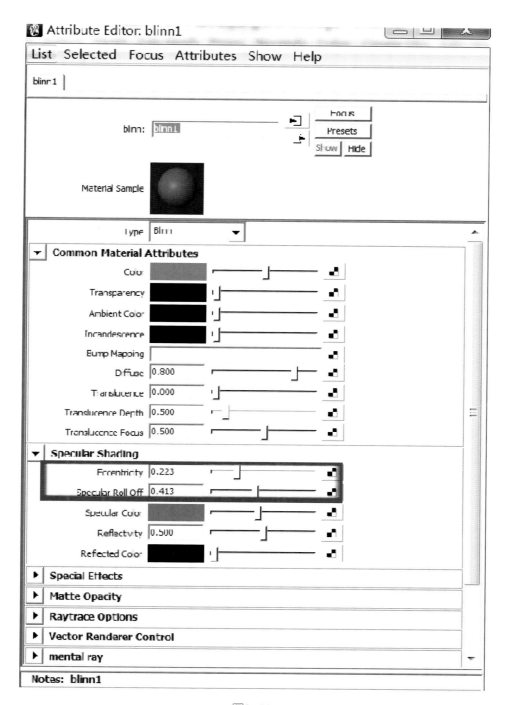

图9-20

(4) 由于枪把手是木头材质的物体,故创建一个 Lambert 材质,选择枪身,再单击"Lambert"材质,按住鼠标右键,选择"向上"进行材质的赋予,如图 9-21 所示。

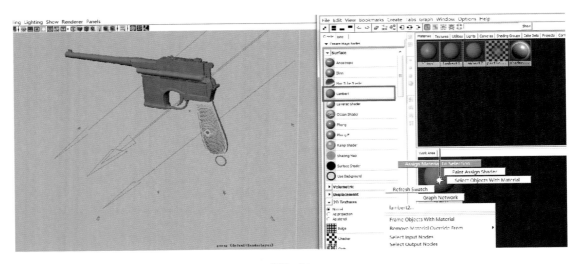

图9-21

9.4 贴图烘焙

在 Maya 中，拆分好模型的 UV 之后就要进行相关贴图的制作了，在 Photoshop 软件中进行贴图的绘制，主要依据导入的 UV 网格进行位置确定，但是仅通过 UV 网格进行位置的确定并不是很直观，很难准确确定 UV 空间位置对应的是模型的哪个部位。通常，在 Maya 中用 3D Paint Tool 或者使用 Maya 中 "Mental Ray" 渲染器的 "Ambient Occlusion" 节点进行贴图烘焙，然后再调入 Photoshop 中作为辅助参考，本案例中我们使用后者进行制作。

（1）单击 Maya 菜单中的 "Window" → "Rendering Editors" → "Hypershade" 命令，打开材质编辑器，如图 9-22 所示。

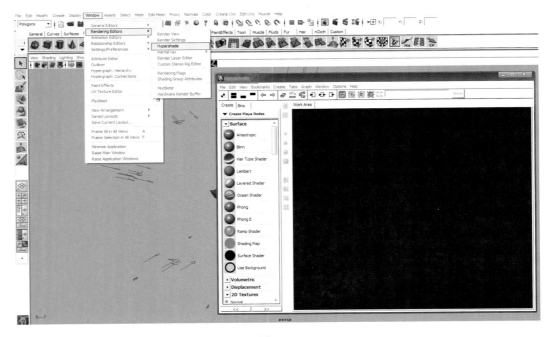

图9-22

（2）在材质编辑器中单击左边的"Surface shader"材质球，然后在 Maya 视窗中选中手枪模型，再把鼠标指针放在创建的材质球图标上，单击右键选择"Assign Material To Selection"命令，把"Surface shader"材质球赋给选中的手枪模型，如图 9-23 所示。

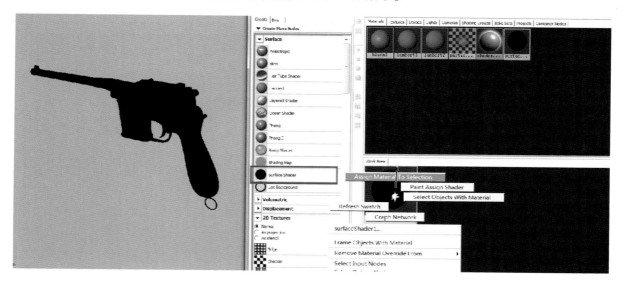

图9-23

（3）在图 9-24 所示的位置单击鼠标左键，在出现的选项中选择"Create mental ray Nodes"命令，切换到"Mental Ray"渲染器的节点工具。

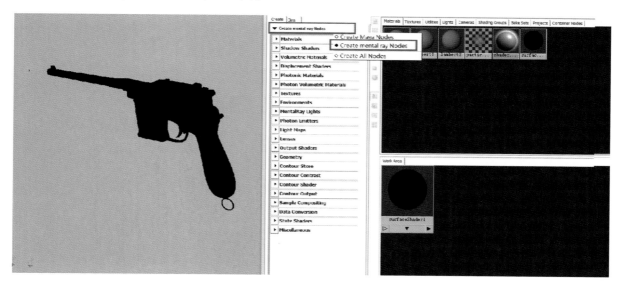

图9-24

(4) 单击展开左边工具节点中的"Textures"节点,再单击创建"mib_amb_occlusion"节点,如图9-25所示。

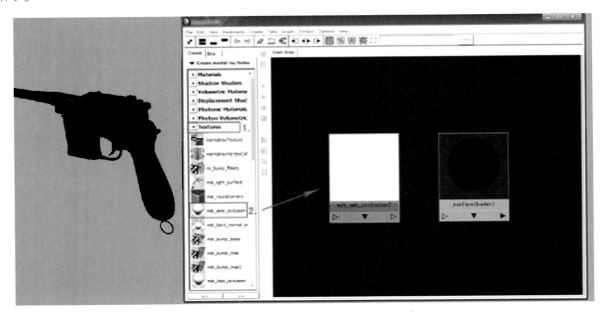

图9-25

(5) 创建出来的"mib_amb_occlusion"节点显示有红条,说明当前的软件渲染器使用的并不是"Mental Ray"渲染器,所以用红条来提示创建的节点。单击图9-26所示位置1的"Window"→"Rendering Editors"→"Render Settings"命令,打开渲染设置面板,再单击位置2"Render Using"命令的下拉菜单,并选择"mental ray"渲染器。

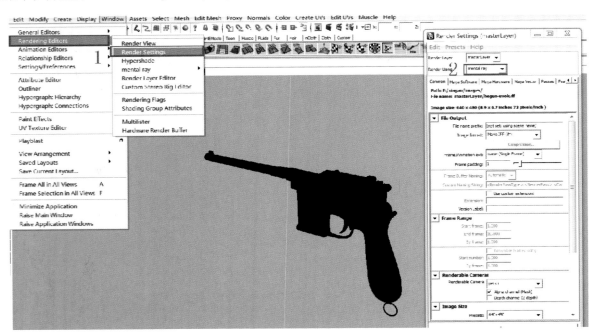

图9-26

（6）在 Hypershade 材质编辑器中，双击"Surface Shader"材质球，打开属性面板。把鼠标指针放在"mib_amb_occlusion"节点图标上，按鼠标中键拖放节点并连接在材质球的"Out Color"通道中，如图 9-27 所示。

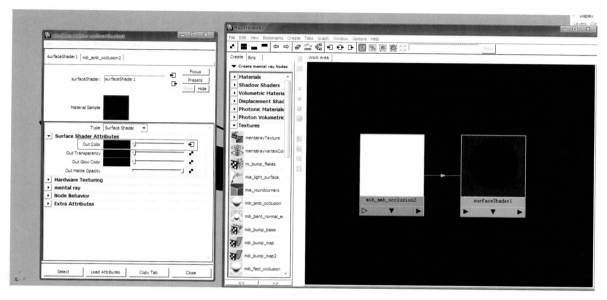

图9-27

（7）单击"Window"→"Rendering Editors"→"Render View"命令打开渲染视窗，在渲染视窗中，单击"Render"→"Render"→"camera1"命令对当前透视图进行渲染。其过程和结果如图 9-28 所示。

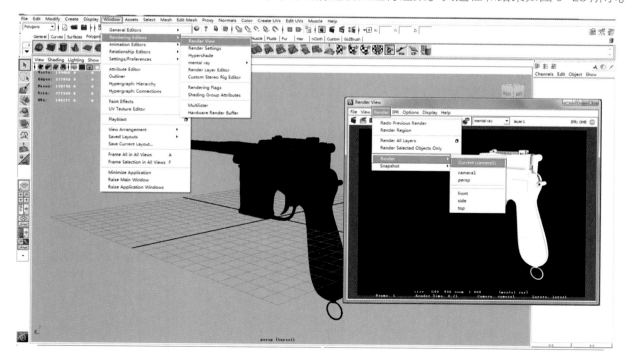

图9-28

（8）下面调节画面的渲染效果。双击"mib_amb_occlusion"节点图标，打开属性面板，如图9-29所示，设置参数并进行渲染。

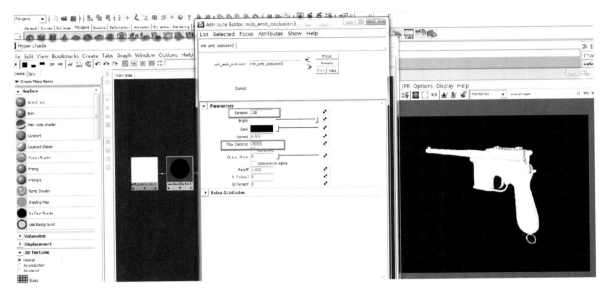

图9-29

（9）效果调节好后，下面开始设置烘焙参数。单击图9-30所示的位置1，切换到"Rendering"板块，再单击位置2"Lighting/Shading"→"Batch Bake(mental ray)"命令的内部属性面板，进行属性设置，最后选中手枪模型单击位置3的烘焙转换按钮。

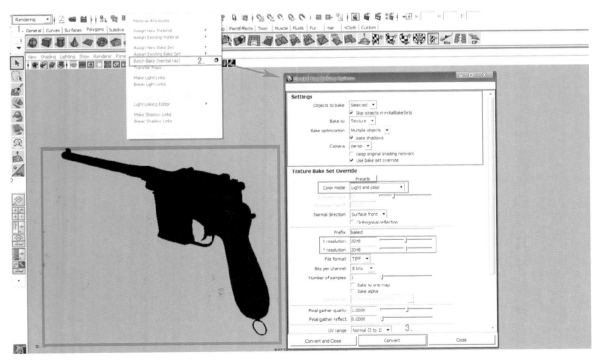

图9-30

9.5 绘制手枪贴图

（1）在 Photoshop 软件中，打开 Maya 中输出的模型 UV。单击图 9-31 所示位置 1 通道面板中的"Alpha"通道，在位置 2 单击菜单"选择"→"载入选区"命令，选中图像中的线框选区。

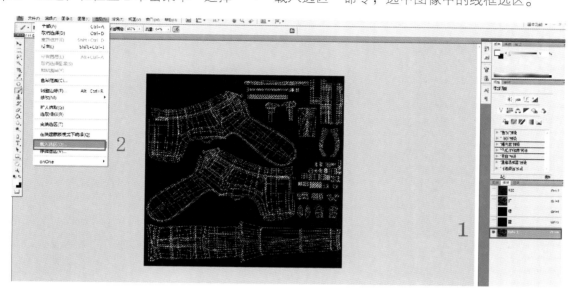

图9-31

（2）如图 9-32 所示，在通道面板中单击位置 1 的 RGB 通道，再按键盘上的"Ctrl+C"组合键复制选中的选区，接着按"Ctrl+V"组合键进行粘贴操作，这样线框选区就被单独提取出来并存放在一个新的图层中。

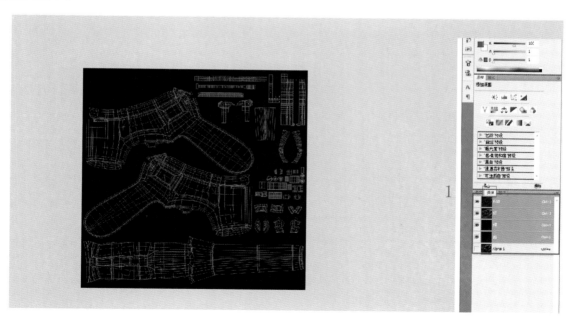

图9-32

(3) 在 Photoshop 中打开一张石头纹理，这张纹理类似枪身破旧的材质纹理，如图 9-33 所示。

图9-33

(4) 将这张石头纹理拖动到刚才提取出 UV 网格的那张画布中，将 UV 图层置于图层面板中的最上层，如图 9-34 所示。

图9-34

（5）下面对纹理进行校色处理，选中"木纹 01"图层，单击"图像"→"调整"→"色相/饱和度"命令，打开其控制面板，对饱和度和明度参数进行调整，如图 9-35 所示。

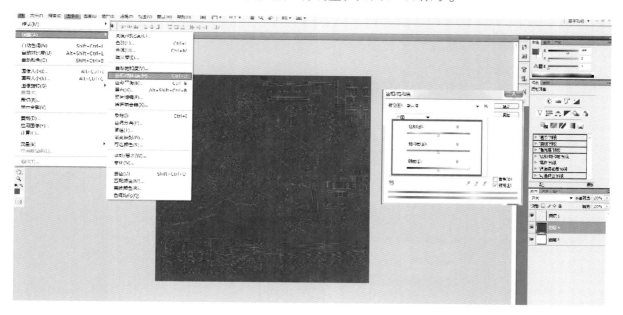

图9-35

（6）单击"图像"→"调整"→"色彩平衡"命令，调整其参数，继续进行校色，如图 9-36 所示。

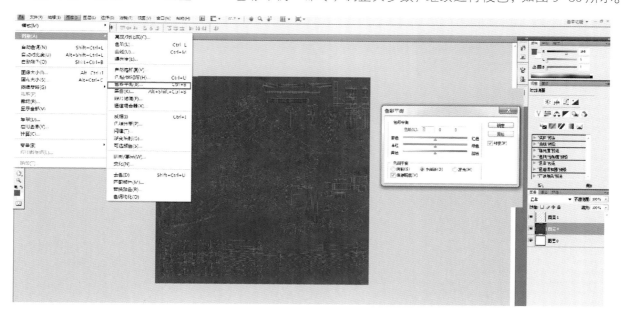

图9-36

（7）由于枪身上有明暗的变化，因此直接在 UV 上寻找是很困难的，这时可以打开刚才烘焙的一张手枪 UV 的贴图，对枪身的明暗变化进行指定，如图 9-37 所示。

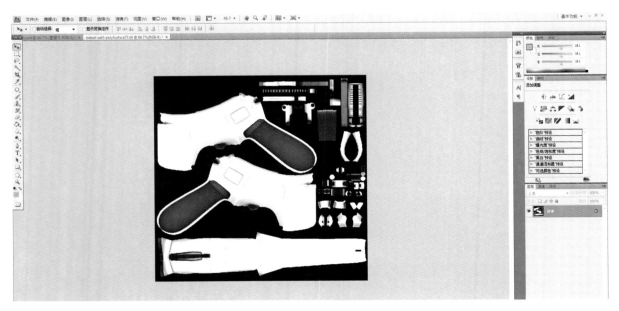

图9-37

（8）移动烘焙出来的图片到 UV 中，按"Shift"键及"移动"工具可以等比例移动，然后放到 UV 网格下面的图层中，图层选项选择"正片叠底"，如图 9-38 所示。

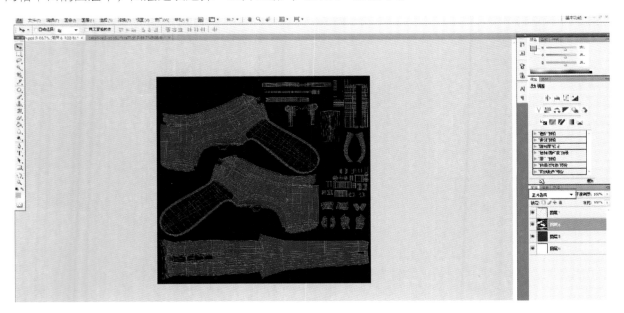

图9-38

(9) 连接手绘板,选择画笔工具,选择破旧笔刷,在枪转折的地方会有一些破损,选择淡一点的颜色,新建一个图层进行绘制,如图 9-39 所示。

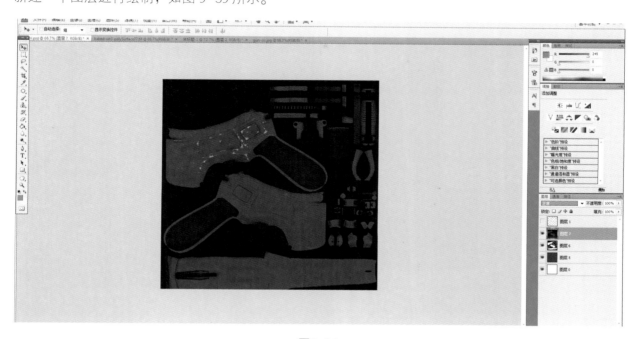

图9-39

(10) 调整颜色,继续对画面进行绘制,结果如图 9-40 所示。

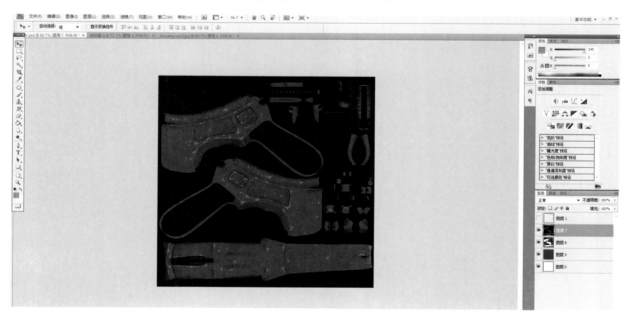

图9-40

（11）另存之后，再次打开这张图片，对它进行去色处理，制作手枪的凹凸贴图，如图9-41所示。

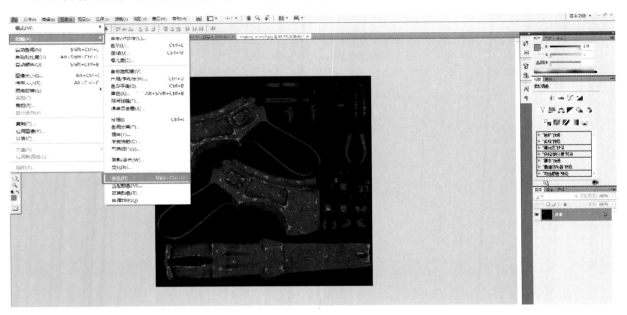

图9-41

（12）下面制作枪把的贴图。拆分UV的方法与枪身一样，打开枪把的UV，如图9-42所示。

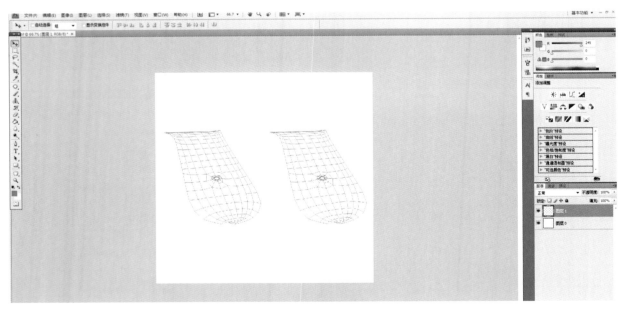

图9-42

(13) 打开一张木板的贴图，如图 9-43 所示。

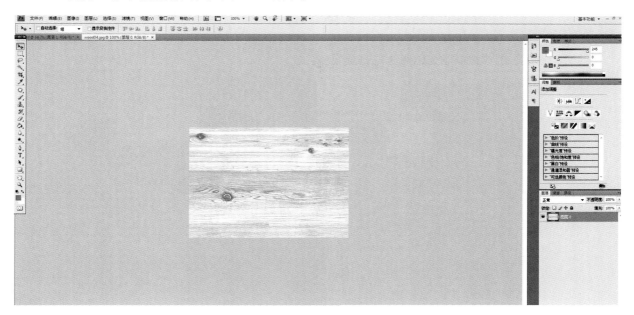

图9-43

(14) 将这张木头纹理拖动到刚才提取出 UV 网格的那张画布中，将 UV 图层置于图层面板中的最上层，如图 9-44 所示。

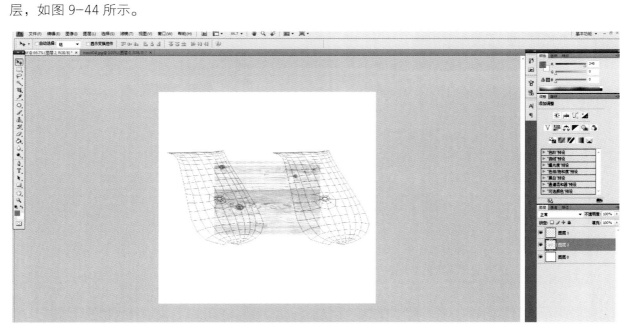

图9-44

(15) 现在这个木头纹理感觉小了些,按"Ctrl+T"自由变换组合键,将纹理放大些,如图9-45所示。

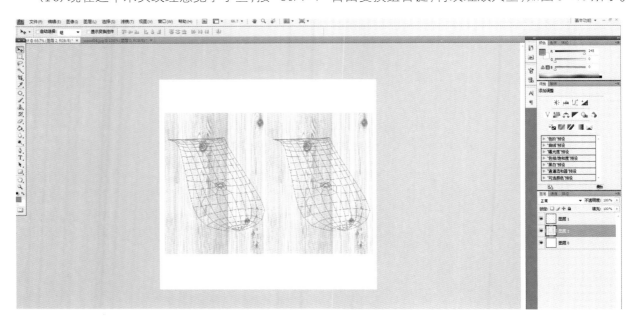

图9-45

(16) 下面对纹理进行校色处理,选中"木纹01"图层,单击"图像"→"调整"→"色相/饱和度"命令,打开其控制面板,对饱和度和明度参数进行调整,如图9-46所示。

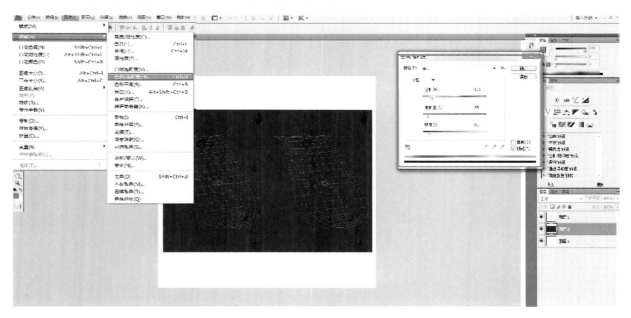

图9-46

（17）打开烘焙过的枪把的贴图，放到图层上方，进行正片叠底，如图 9-47 所示。

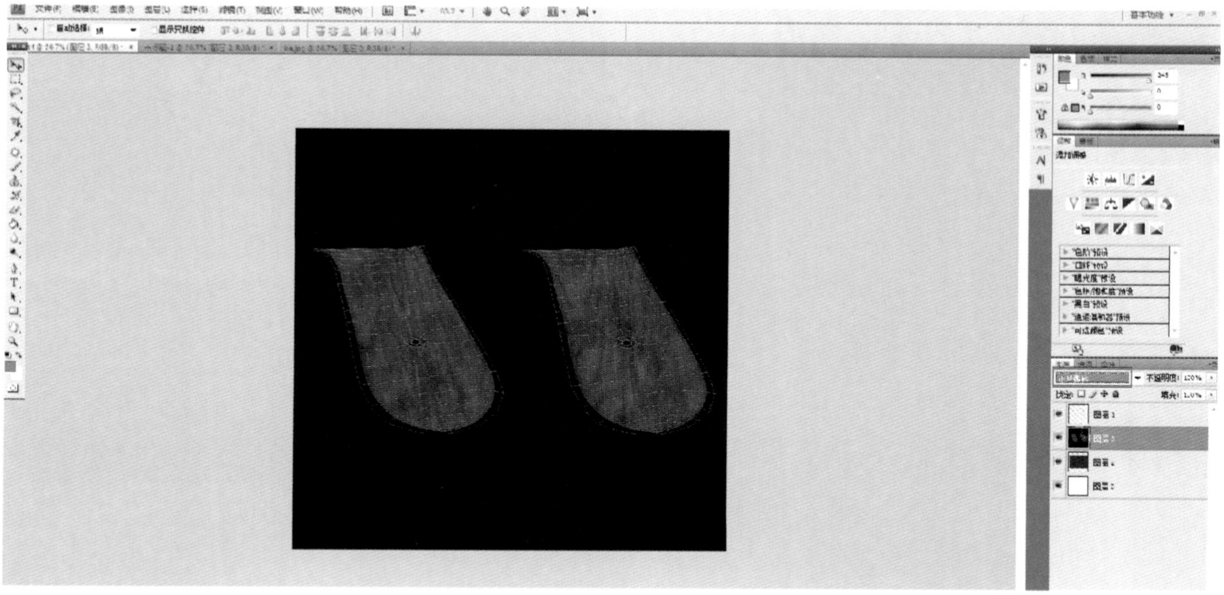

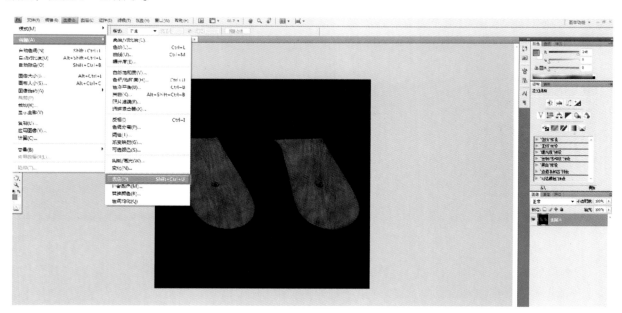

图9-47

（18）另存这张画好的图之后，然后再打开这张图片，对这张图片进行去色处理，制作手枪的凹凸贴图，如图 9-48 所示。

图9-48

　　(19) 把拼接好的贴图保存为 .jpeg 格式。打开 Maya 软件，在材质编辑器中将贴图连接到我们创建好的 Blinn 和 Lambert 材质球上，在"color"通道中指定这张贴图并把材质球赋给枪身和枪把模型，如图 9-49 所示。

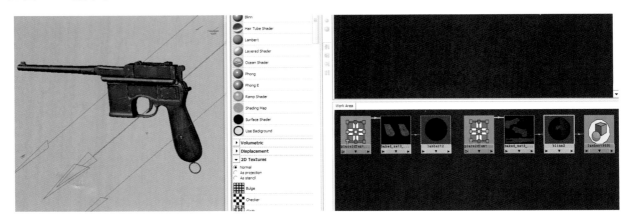

图9-49

　　(20) 在材质球"color"通道中指定这张贴图并进行渲染测试，如图 9-50 所示。

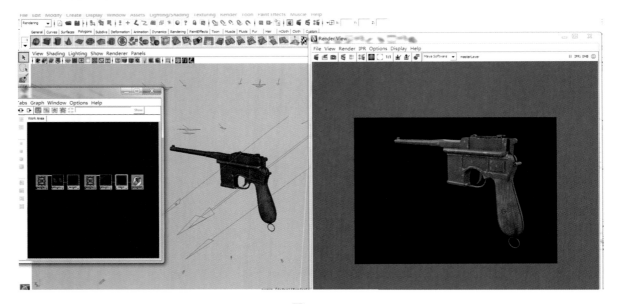

图9-50

　　(21) 将去色后的贴图保存为 .jpeg 格式，在 Maya 软件中，创建"File"节点并导入制作好的凹凸贴图，连接"File"节点到材质球的"Bump"通道。其效果如图 9-51 所示。

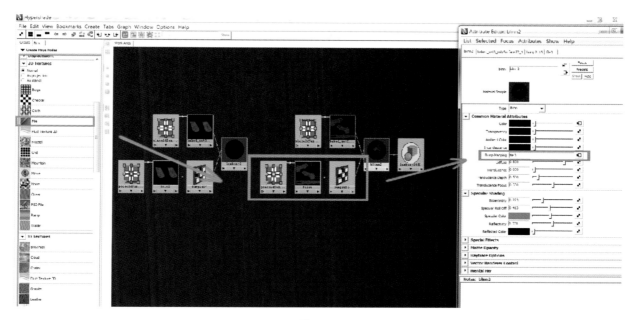

图9-51

(22)调整"Bump"节点属性中的"Bump Depth"数值，并进行渲染测试，如图9-52所示。

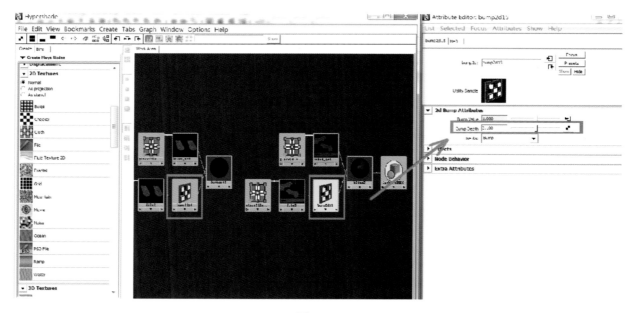

图9-52

9.6 手枪的渲染

(1)在图9-53所示位置1单击菜单"Create"→"Cameras"→"Camera"命令，创建一台摄像机。在"Persp"透视图中位置2单击"Panels"→"Perspective"→"Camera1"命令，进入摄像机视图，进行手枪的渲染构图。

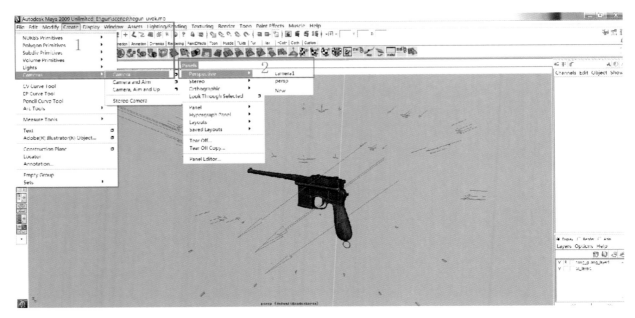

图9-53

(2) 单击菜单 "Window" → "Rendering Editors" → "Render Settings" 命令,打开渲染设置面板,对画面渲染的尺寸和渲染品质进行设置, 如图 9-54、图 9-55 所示。

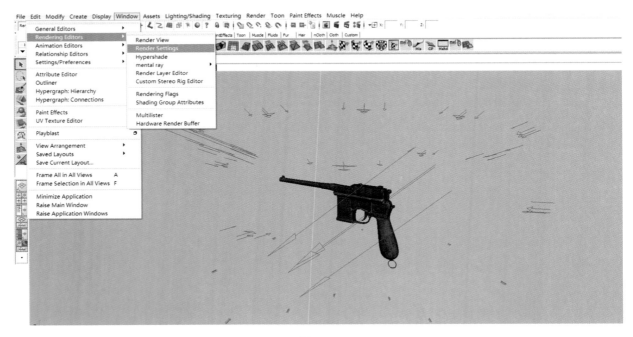

图9-54

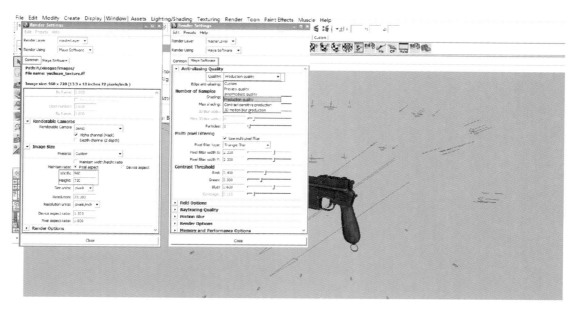

图9-55

（3）最终渲染效果如图 9-56 所示。

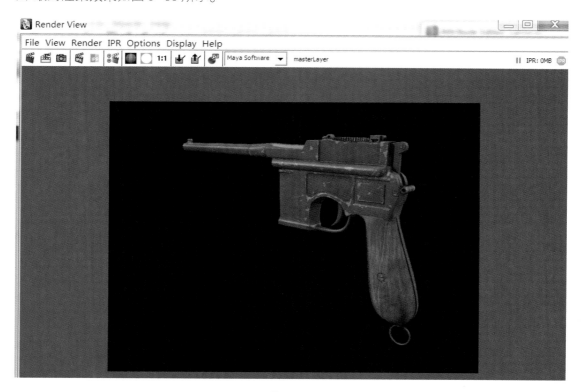

图9-56

本章制作了手枪的贴图和渲染。贴图制作最重要的是把物体的质感区分开，把纹理和颜色表现好。要创作出逼真的效果，应多观察生活中的物体细节，多去思考其特征，这样才能在制作时做到有的放矢。